BESCHREIBUNG

DES

BERGREVIERS DAADEN-KIRCHEN.

BEARBEITET

IM AUFTRAGE DES KÖNIGLICHEN OBERBERGAMTS ZU BONN

VON

ALFRED RIBBENTROP,
KÖNIGLICHEM BERGRATH ZU BETZDORF.

MIT EINER KARTE IN FARBENDRUCK.

BONN,
BEI ADOLPH MARCUS.
1882.

Nachdem den in den Jahren 1878 und 1879 veröffentlichten Beschreibungen der besonders für den Eisenerzbergbau wichtigen Bergreviere Wetzlar und Weilburg im Jahre 1881 die Beschreibung des linksrheinischen Bergreviers Aachen gefolgt und in dieser der hervorragendste Theil des Privat-Steinkohlenbergbaues im Oberbergamtsbezirke Bonn zur Darstellung gelangt ist, kehrt die vorliegende Revierbeschreibung zu einem der ältesten und angesehensten Sitze der Eisenindustrie zurück.

Das Bergrevier Daaden-Kirchen, welches seit dem 1. Januar 1881 die bis dahin selbstständigen Reviere Daaden und Kirchen umfasst, steht gegenwärtig, was den Eisenerzbergbau betrifft, mit an der Spitze sämmtlicher Reviere des Oberbergamtsbezirkes.

Mit Unterstützung des Herrn Ministers der öffentlichen Arbeiten hat auch der vorliegenden vierten Publikation wiederum eine instruktive Lagerstättenkarte beigegeben werden können.

I. Allgemeine Verhältnisse des Reviers.

Das Bergrevier Daaden-Kirchen im Bezirke des Königlichen Oberbergamts zu Bonn besteht seit dem 1. Januar 1881 aus den beiden bis dahin getrennt verwalteten Bergrevieren Daaden (bis 1865 Revier Heller genannt) und Kirchen und umfasst die Bürgermeistereien Kirchen, Daaden und Gebhardshain, mithin den östlichsten Theil des Kreises Altenkirchen im Regierungsbezirke Coblenz. Dieses Gebiet bildet einen Theil der ehemaligen Grafschaft Sayn-Altenkirchen, welche im Jahre 1815 nach dem Pariser Frieden dauernd mit dem Preussischen Staate vereinigt wurde, bis dahin aber im Besitze verschiedener Regentenhäuser gewechselt hatte, nachdem sie im Juli 1652 von der reichsunmittelbaren Grafschaft Sayn abgezweigt worden war. Letzteres geschah in Folge der vertragsmässigen Theilung der Grafschaft Sayn unter die Gräfinnen Ernestine und Johannette (die sogenannten Saynischen Erbtöchter) aus dem Hause der im Jahre 1636 in dem Mannesstamme erloschenen Familie der Grafen zu Sayn und Wittgenstein, auf welche die Grafschaft Sayn nach dem Aussterben des Mannesstammes des Gräflich Sayn'schen Dynastengeschlechtes im Jahre 1606 sich vererbt hatte. Die hier allein interessirende Grafschaft Sayn-Altenkirchen, welche an die Gräfin Johannette, verwittwete Landgräfin von Hessen, fiel, während der die spätere Grafschaft Sayn-Hachenburg bildende Gebietstheil der Gräfin Ernestine, vermählte Gräfin zu Manderscheid und Blankenheim, überwiesen wurde, bestand damals aus den Justiz- und Verwaltungsämtern Altenkirchen, Freusburg und Friedewald. Durch einen Familienvergleich vom 21. November 1744 trat sodann noch das Amt Bendorf hinzu, das bis dahin von den Nachkommen der genannten Erbtöchter gemeinschaftlich besessen war.

Durch die Wiederverheirathung der Gräfin Johannette mit dem Herzog Ernst von Sachsen-Eisenach gelangte die Grafschaft Sayn-Altenkirchen an dieses Regentenhaus und fiel hierauf im Jahre 1741 nach dem Tode des Enkels des Herzogs Ernst, Herzog Wilhelm Heinrich von Sachsen-Eisenach, durch Erbschaft in der Seitenlinie an den Markgrafen Friedrich von Brandenburg-Onolzbach-Ansbach. Die Landeshoheit dieses Fürstengeschlechtes, welche seit 1791 unter das Protektorat der Krone Preussen gestellt war, wurde durch den Reichsdeputations-Hauptschluss am 1. Januar 1803 an das Fürstenhaus Nassau-Usingen übertragen, bis sie vertragsmässig im Jahre 1815 auf Preussen überging.

Von der Grafschaft Sayn-Altenkirchen bilden nur die vormaligen Aemter Freusburg und Friedewald, welche von jeher an der uralten Montanindustrie der Grafschaft den wichtigsten Antheil hatten, das Bergrevier Daaden-Kirchen; das vormalige Amt Altenkirchen gehört dagegen zum Bergreviere Hamm.

Die Grenzen des Reviers fallen im Norden und Osten mit den Grenzen der Rheinprovinz gegen die Provinz Westphalen, im Süden mit den Grenzen der Ersteren gegen die Provinz Hessen-Nassau, im Westen mit den Grenzen zwischen den Bürgermeistereien Gebhardshain und Kirchen einerseits und den Bürgermeistereien Wissen und Friesenhagen andererseits zusammen.

Das Revier hat an Flächeninhalt in der Bürgermeisterei Kirchen 10 756 ha, Daaden 7 140 ha und Gebhardshain 4 896 ha, zusammen 22 792 ha, worunter Wald ungefähr 14 235 ha, Ackerland 3 826 ha, Weide und Wiese 3 796 ha. Es besitzt nach der Volkszählung vom 1. Dezember 1880 24 788 Einwohner oder 2 899 Seelen mehr, als bei der Zählung von 1875.

Das Revier wird jetzt von 1352 Bergwerksfeldern und zwar an manchen Stellen, wo getrennte Verleihungen auf verschiedene Mineralien bestehen, mehrfach überdeckt. Von diesen Feldern sind die meisten und ältesten als Längenfelder verliehen, wie dies die ortsgültige kursächsische Bergordnung vom 12. Juni 1589 vorschrieb, bis am 1. Oktober 1865 das Allgemeine Berggesetz vom 24. Juni 1865 in Kraft trat. Seitdem sind viele Längenfelder in gevierte Felder umgewandelt und neue gevierte Felder verliehen worden. Die gevierten Felder überdecken die zwischen den Längenfeldern liegenden Flächen fast ganz und ausserdem auch den bei Weitem grössten Theil des übrigen Reviers, so dass nur der nördlichste und südlichste Theil gegenwärtig noch im Bergfreien liegt.

Die Bevölkerung des Reviers ist in ihrem Erwerbe vorwiegend auf die Montanindustrie, namentlich den Eisensteinbergbau und den darauf gegründeten Eisenhüttenbetrieb angewiesen. Von den 4 458 Arbeitern, von welchen im Jahre 1880 die Bergwerke 4 128, die Hüttenwerke 330 beschäftigten und die zusammen ungefähr 8 360 Angehörige ernährten, wohnten vier Fünftel innerhalb, die übrigen ausserhalb des Reviers. Hiernach unterhält die Montanindustrie des Reviers etwa 41 Prozent der Bevölkerung unmittelbar und ausserdem mittelbar noch einen grossen Theil derselben, welcher namentlich bei der Lieferung von Materialien und Fabrikaten betheiligt ist, beim Transportwesen Beschäftigung findet u. s. w.

II. Topographische Verhältnisse.

Das Gebiet des Reviers gehört der Hochebene des rechtsrheinischen Schiefergebirges an, in deren Gliedern jedoch der Charakter der Ebene sehr zurücktritt, da sie nach allen Richtungen von meistens engen und tief eingeschnittenen Haupt- und Nebenthälern durchfurcht ist, welche grösstentheils lang gestreckte und schmale, vielfach gewundene und an den Seiten gegliederte, ziemlich gleichmässig hohe Gebirgsrücken einschliessen. Letztere gruppiren sich in einigen Gegenden zu sanften Gebirgsanschwellungen, jedoch ohne Bildung von bedeutend hervorragenden Gipfeln, und unter flachem Verlaufen ihrer Scheitellinien. In diesem Schiefergebirge liegt das Revier auf dem Nordwestabhange des Westerwaldes und wird durch die Sieg, welche bei Niederschelden östlich ein- und nach bedeutenden Windungen bei Dasberg westlich austritt, in eine südliche grössere und eine nördliche kleinere Hälfte getheilt. Der Sieg gehen zahlreiche Zuflüsse innerhalb des Reviers zu, welche wie der Hauptfluss tief eingeschnittene Thäler bilden, wodurch die Aufschliessung der Gebirgsrücken zu bergbaulichen Zwecken wesentlich erleichtert wird. Die grössten dieser Zuflüsse sind

linksseitig: die Heller, welche in das Revier bei Struthütten mit ihrem mittleren Laufe eintritt, von erwähnenswerthen Zuflüssen zunächst rechtsseitig den Dermbach bei der Seelenbergerhütte, dann linksseitig den Sottersbach bei Herdorf und die Daade (Daadenbach) bei Grünebach aufnimmt und bei Betzdorf in die Sieg mündet;

rechtsseitig: der Gosenbach bei Niederschelden und die Asdorf bei Kirchen, deren Thal in der nördlichen Revierhälfte das längste und für dessen Montanindustrie wichtigste ist.

Nächst der Heller, zu deren Seiten namentlich in der Umgebung von Herdorf das Netz der nutzbaren Eisensteinlagerstätten sich am meisten verdichtet und daher die Anlagen zu deren Ausbeutung am zahlreichsten sind, ist das bedeutendste jener Nebengewässer die Daade. Das Thal derselben, 12 km lang, liegt von der Quelle am Fusse des höchsten Berges des Revieres, des zum hohen Westerwalde gehörigen Steins- oder Stegskopfes, an bis zur Mündung ganz innerhalb des Reviers; sie durchfliesst dasselbe in einer nordwestlich diagonalen Richtung, in der überhaupt die Oberfläche des Reviers vom Plateau des Westerwaldes zum Siegthale hin abgedacht ist.

Von Wichtigkeit ist noch der ausserhalb des Reviers bei Schönstein der Sieg zugehende Elbbach, welcher nur seinen oberen und mittleren Lauf im südlichen und südwestlichen Theile des Reviers hat. Derselbe bietet in seinem Thale für die umliegende Gegend, welche durch ihre sehr gebirgige Beschaffenheit und bedeutende Höhenlage über der Sieg von dem Verkehr etwas abgeschnitten, aber mehr und mehr als reich an Eisensteinen erkannt ist, den besten Zugang.

Die Gebirgrücken, welche zwischen den erwähnten Gewässern liegen, sind in ihren einzelnen Gliedern durch mannigfache, theils den Kultur-, theils den Besitzverhältnissen entlehnte Namen bezeichnet, entbehren aber meistens gemeinsamer Namen. Ein solcher lässt sich nur anführen für den Gebirgsstock Giebelwald, welcher die Ecke zwischen der Sieg und Asdorf bis zum Gosenbach ausfüllt und im Giebelberg in der Mitte, im Knorrenberg nach dem Gosenbach hin und im Pelterberg nach der Asdorf hin die ansehnlichsten Höhenpunkte erreicht. Ihm gegenüber, südlich von der Sieg, bietet das Gebirge zwischen dieser und der Heller kaum minder mannigfaltige Gliederungen und erscheint als ein Höhenzug, der im Hundskopf, Windhahn und Kaulenwald (Kulenwald) seine höchsten Punkte hat und von dem im Oberlaufe gegabelten Dermbache im Osten begrenzt wird. Zwischen Heller und Daade zieht sich das Gebirge, von deren Vereinigungspunkte an schmal beginnend und sich ostwärts ausdehnend, in einem Rücken hin, der am Nordabhange durch den Sottersbach unterbrochen wird, allmählich zum Plateau des hohen Westerwaldes ansteigt und auf seinen Scheitellinien die hervorragendsten Bergkuppen des Reviers, den Hohenseelbachskopf, die Hohe Mahlscheid, den Trödelstein (nach den drei Spitzen auch Drei Steine genannt), endlich den schon erwähnten Steinskopf trägt, der von dem zweithöchsten Berge des hohen Westerwaldes, dem Salzburger Kopf (Saalberg) etwa 4 km entfernt liegt.

Südlich vom Daadenthale ist die Abdachung der Oberfläche am sanftesten und geringsten und der Charakter der Hochebene am meisten gewahrt. Das Gebirge, welches hier einen breiten Rücken bildet, ist südlich vom Thale der Nister begrenzt, welche sich bei Wissen in die Sieg ergiesst. Nordwärts fällt dieser Rücken schroff zur Daade ab und ist an dieser Seite auch durch tiefe, kurze Thalfurchen gegliedert, welche die in grosser Zahl der Daade zufliessenden Bäche gebildet haben, wogegen der Rücken südwärts sanfter verläuft. Mitten auf dem Letzteren, in seinem ebensten Theile, findet sich eine morastige Fläche, in deren Mitte ein Weiher liegt, welcher sich wahrscheinlich früher über jene ganze Fläche ausgedehnt, aber in dem Masse verringert hat, als der ihm westlich in einer tiefen Thalfurche entströmende Elbbach sich sein Bett tiefer grub.

Nahe der Westgrenze des Reviers wird der Gebirgsrücken in Folge einer plötzlichen Wendung des Elbbaches gegen Norden durch diesen und den südwärts beim Dorfe Elben ihm zufliessenden Steinebach fast in seiner ganzen Breite von Süden nach Norden durchschnitten, und zwar gerade am westlichen Abhange seiner hervorragendsten Kuppen, der Steineberger Höhe im Süden und des Steinrother Kopfes im Norden. Diese tief eingeschnittene Thalfurche bildet für die sonst durch ihre hohe und isolirte Lage schwer zugängliche, aber an Bergwerksprodukten reiche Umgebung der Steineberger Höhe die einzige natürliche Verkehrsstrasse, welche an der Stelle, wo der Elbbach sich hart an der Westgrenze des Reviers wieder westwärts wendet, leicht mit dem Siegthale verbunden werden kann, da dieses hier von dem Elbbache nur durch den c. 300 m breiten nördlichsten Ausläufer des eben erwähnten Gebirgsrückens getrennt ist.

Vom Steinrother Kopf nach dem Stegskopf hin läuft die Scheitellinie dieses Gebirgsrückens, in der sich noch einige andere sanfte Hervorragungen in Kuppenform finden, namentlich der Käusersteimel, der Hassliberg und das Geschwemm.

Für die Höhenlage der wichtigsten Gegenden des Reviers ergiebt sich nach den Erläuterungen der geologischen Karte für die Rheinprovinz und Westphalen von v. Dechen, sowie nach anderen Messungen Folgendes:

A. Siegthal.

	Höhe über Normal-Null[1]) in Meter.
Siegbett am Bahnhof in Niederschelden	211,47
„ an der Eisenbahnbrücke bei Mudersbach . . .	208,22
„ an der Eisenbahnbrücke bei Brachbach	203,03
Sohle des tiefsten Stollens der Grube Zeche ungefähr .	222,50
„ „ „ „ „ „ Apfelbaum . . .	221,50
Siegbett an der Bahnbrücke oberhalb Kirchen	183,20
„ nahe der Mündung der Asdorf	182,23
„ an der Hellermündung bei Betzdorf	178,00
„ bei Scheuernfeld	170,54
Eisenbahnbrücke bei Scheuernfeld	177,03
Kuppe des Giebelberges oder Giebelwaldkopfes	530,79
Signalstein auf dem Knorrenberg	444,38
Windhahngebirge (höchster Punkt)	520,03
Höhwald bei der Langgrube	466,47
Schusterley bei der Grube Breimehl	459,97
Druidenstein	457,70
Schienenoberkante des Bahnhofes von Niederschelden . .	219,25
„ „ „ „ Kirchen	192,95
„ „ „ „ Betzdorf	185,15

B. Asdorfthal.

Südlicher Anfang von Buchenhof	225,42
Fischbacher Hütte, Strasse	231,29
Oberfischbach	257,60
Südlicher Anfang von Wehbach	204,00

1) Normal-Null (N.-N.) = Nullpunkt des Amsterdamer Pegels = Meereshöhe.

C. Hellerthal.

	Höhe über Normal-Null in Meter.
Schienenoberkante des Bahnhofes bei Herdorf	238,75
Hellerbett an der Eisenbahnbrücke bei Grünebacherhütte	197,82
Eisenbahnbrücke selbst	198,60
Sohle des tiefen Königsstollens	218,93
Hellerbett am Bollenbacher Stollen	230,63
Sohle des Bollenbacher Stollens	230,63
„ „ Stahlerter Stollens	237,13
Hellerbett an der Brücke bei Struthütten	241,45
Höchster Punkt des Hohenseelbachskopfes	532,41
„ „ „ Mahlscheider Kopfes	512,60

D. Dermbachthal.

Sohle des Guldenhardter tiefsten Stollens	261,82
„ „ Hüttengewerker (Hollerter) Stollens	295,28
„ „ Friedrichstollens	336,21
„ der Radstube der Seelenberger Hütte	240,48

E. Sottersbachthal.

Sohle des tiefen Florzer Erbstollens	294,80
„ „ „ Stollens der Grube Zufälligglück . . .	293,00

F. Daadenthal.

Falkenberg bei Schutzbach, Signalstein	465,17
Hassliberg (Hasslich) bei Elkenroth, Signalstein	510,00
Weg von Elkenroth nach Niederdreisbach (auf dem Rücken)	501,23
Gebhardshain, Försterwohnung	388,18
Sohle des Ohliger tiefsten Stollens	242,75
„ „ Füsseberger tiefsten Erbstollens	274,80
Höchster Punkt des Steins-(Stegs-)kopfes	630,00
„ „ „ Salzburger Kopfes	654,55

G. Steinebach- und Elbbachthal.

Steineberger Höhe (Rücken zwischen Elbbach und kleine Nister)	484,00
Sohle des tiefsten Stollens der Grube Bindweide im Steinebachthal	330,00
Brücke in Elben über den Elbbach	275,00
Hof Weiselstein im Niveau des Wassers des Elbbaches .	242,00

III. Geognostische Verhältnisse.

Der geognostische Bau des Reviergebietes ist einfach. Das rheinische Schiefergebirge, welchem dasselbe angehört, ist hier nur vertreten durch die dem Unterdevon zugehörigen Gesteine, welche bisher als Coblenzschichten oder Spiriferensandstein bezeichnet wurden. Nur auf einigen Punkten an der Südgrenze werden dieselben in unbedeutender Ausdehnung von den Rändern der im benachbarten Regierungsbezirk Wiesbaden weit verbreiteten Westerwälder Braunkohlenablagerungen, also von Gebilden der Tertiärgruppe, und in den Flussthälern von Alluvialablagerungen überdeckt. Basaltgesteine haben die Devon- und Tertiärschichten vielfach durchbrochen, namentlich an der Südgrenze, wo sie die nördlichen Ausläufer des in jenen Braunkohlenablagerungen ausgebreiteten Basaltplateaus des hohen Westerwaldes bilden; sie erheben sich zu den höchsten Bergkuppen des Reviers.

A. Devongruppe.

Die Gesteine der Devongruppe bestehen aus einem Wechsel von Grauwacken, Grauwackenschiefern und Thonschiefern, welchen an vereinzelten Stellen, z. B. in der Nordostspitze des Reviers, Bänke mit geringem — wahrscheinlich mit den darin vorkommenden Versteinerungen im Zusammenhang stehenden — Kalkgehalt eingelagert sind. Auch am Wäschebachseifen bei Niederfischbach ist dieses Vorkommen bekannt. Die Bänke haben vorherrschend ein Streichen zwischen Stunde 4 und 5 und ein Einfallen gegen Südsüdost, bilden aber Mulden und Sättel, wodurch häufig auf kurze Strecken Abweichungen von jenem Hauptstreichen vorkommen. Meistens sind die Gebirgsschichten von durch Abschwemmung und Verwitterung entstandenen Geröll- und erdigen Massen überdeckt. Nur die zwischen diesen hervorragenden Klippen und künstlichen Einschnitte an den Thalgehängen, sowie tiefe Fahrgeleise der Verkehrswege legen den Schichtenbau über Tage bloss.

Die Grauwacke tritt gegen die Grauwacken- und Thonschiefer sehr zurück; sie ist auch nicht grobkörnig oder konglomeratartig, wie an denjenigen Orten, wo sie als Typus ihren Namen erhielt, sondern besteht aus körnigen Sandsteinen und quarzitartigen Gesteinen, die meistens in dünnen Bänken abgelagert sind, aber selbst da, wo sie mächtige und scheinbar compakte Bänke bilden, verborgene Schichtungsklüfte enthalten und dadurch den Uebergang zu den Grauwackenschiefern bekunden. Die Letzteren, welche wie die Grauwackenschichten aus fettglänzenden, grünlich-grauen oder schwärzlichblauen, durch ein Bindemittel verkitteten, gerundeten Quarzkörnern gebildet sind, unterscheiden sich davon nur durch die Art des Bindemittels. Letzteres ist bei beiden kieselig-thonig, hat aber bei den Grauwacken einen grösseren Kieselgehalt, als bei den Grauwackenschiefern, bei welchen es mehr thonig wird und meistens mit Glimmer vermengt ist. Je reichhaltiger das Bindemittel an Thon und Glimmer wird, desto mehr nimmt die Festigkeit des Gesteins ab. Werden auch gleichzeitig die Quarzkörner feiner, so nimmt die Schieferung, die dann wesentlich durch die parallel gelagerten Glimmerblättchen bedingt wird, zu und das Gestein geht in Thonschiefer über. Je mehr aber in dem Bindemittel der Thon unter Zunahme des Quarzgehaltes zurücktritt, desto fester wird das Gestein und desto mehr verschwindet die Schieferung, namentlich wenn gleichzeitig die Quarzkörner grösser werden und die Glimmerblättchen verschwinden. Schliesslich geht das Gestein in Quarzit über, der sich im Reviere, da er sehr schwer verwittert und oft klippenartig hervorragt, von so weisser Farbe findet, wie bei denjenigen Quarzadern, welche die im Unterdevon aufsetzenden Erzgänge durchziehen. An einzelnen Punkten gehen die Grauwacken in feinkörnigen Sandstein von hellgelblicher Farbe über, aus welchem sich Gestellsteine für den Hochofenbau brechen lassen. Glimmerblättchen sind diesem Gestein sparsam beigemengt und machen es zuweilen schieferig. Beispiele davon finden sich am Burgberge bei Friedewald und am Hohenseelbachskopfe, benachbart den dortigen Basaltmassen.

Der Uebergang der Grauwackenschiefer in die Thonschiefer erfolgt so allmählich, dass sich eine Grenze nicht ziehen lässt. Die damit verbundene bedeutende Zunahme an Spaltbarkeit erreicht in den durch kohlige Bestandtheile schwarzgrau gefärbten Dachschiefern einen besonders hohen Grad. Diese Dachschiefer werden im Reviere hauptsächlich gewonnen in den Grubenfeldern Weide bei Offhausen und Grundseifen bei Birken, am linken Thalgehänge der Sieg oberhalb Brachbach, an der Mündung des Heckersdorfer Baches unterhalb Alsdorf, sowie oberhalb dieses Ortes am linken Thalgehänge der Daade, ferner an den Gehängen des Elkenrother Baches zwischen Elkenroth und Kausen und im Stollen der Grube Käusersteimel bei Kausen.

Nach einer in den Verhandlungen des naturhistorischen Vereins der preussischen Rheinlande („Geognostische Uebersicht des Regierungsbezirks Arnsberg“ von Dr. H. v. Dechen) Jahrg. 12 (1855) S. 122 mitgetheilten Analyse besteht der Thonschiefer aus:

Kieselsäure	73,00
Thonerde	14,78
Eisenoxyd	4,12
Kalk	0,67
Magnesia	0,77
Kali und Natron . . .	2,80
Wasser	3,86
Kohlensäure	Spur
	100,00

wovon sich Kieselsäure, Thonerde, Eisen und Magnesia hauptsächlich in der Ausfüllungsmasse der Erzgänge wiederfinden.

Neben der Spaltbarkeit nach den Schichtungsflächen findet sich häufig eine transversale Schieferung; vielfach tritt auch der sogen. Griffelschiefer auf. Stellenweise zeigen die Schichtungsflächen buckel- oder wulstförmige Erhöhungen in anscheinend regelmässiger Anordnung, welche man anderweitig mit dem Namen ripple-marks bezeichnet hat. Auch sind die Schiefergesteine stellenweise in grösserer Ausdehnung durch den Verlust des grössten Theiles ihres Quarzgehaltes in Thon- oder Lehmlager übergegangen, z. B. mitten auf dem Stegskopfe und auf dem Hohenseelbachskopfe, wo diese Lager zeitweise nutzbar ausgebeutet wurden.

Folgende Punkte charakterisiren den grösseren Theil der im Reviere vorkommenden Devonablagerungen als zum geologischen Niveau des mittleren und oberen Unterdevons gehörig:

A. Zunächst in einer nach dem Generalstreichen zu verfolgenden Schichtengruppe,

1. bei Steinebach am Steineberge in dem Flügelorte vom Birdweider tiefen Stollen nach der Grube Alter Alexander, durch unbestimmbare Spiriferen, und c. 400 m im Liegenden in der Hauptstrecke jenes Stollens, wo sich in einer 0,7 m mächtigen Schicht Homalonotus crassicauda, Spirifer macropterus, Rensselaeria strigiceps und Pterinea fasciculata fanden;
2. weiter östlich, nahe der Kreuzung der Wege Dreisbach-Elkenroth und Weitefeld-Schutzbach, durch ein vom Bergreferendar Sanner in Daaden angeblich gefundenes Spirophyton Eifliense und sonstige Thier- und Pflanzenreste;
3. weiter östlich am Hahnenkopf beim südlichen Ausgange von Daaden, am rechten Gehänge des Friedewälder Baches, durch Chonetes dilatata, Pterinea fasciculata sowie durch die Gattungen Turbo, Pleurodictyum und Tentaculites;
4. noch etwas östlicher, am nördlichen Gehänge des Thales von Daaden nach Emmerzhausen in der Schlucht des Brandhanger Seifens, in einem alten Stollen durch massenhaftes Vorkommen von Spirifer paradoxus, Schloth. var. socialis Krantz.

B. In einer weiter nördlich folgenden Schichtengruppe,

1. im tiefen Stollen der Grube Käusersteimel bei Kausen c. 200 m vom Mundloche durch Spirifer macropterus[1]);

---

1) Nach Sanner (Lit. Verz. B, No. 14) finden sich auch noch Versteinerungen
1. unterhalb der mittleren Stollenhalde der Grube Gottessegen bei Schutzbach,
2. in der Rothen Hardt zwischen Biersdorf und Niederdreisbach,
3. im Lambertsthal oberhalb Daaden (namentlich Chonetes).

2. weiter östlich, im Steinbruch von Becker am westlichen Gehänge des Sotterbachthales bei Herdorf, durch Homalonotus crassicauda in grossen Exemplaren;
3. weiter östlich im tiefen Stollen der Grube Mahlscheid bei Herdorf c. 440 m vom Mundloche durch Spirifer macropterus, Spirifer paradoxus, Schloth. var. socialis Krantz und Haliserites Dechenianus;
4. endlich weiter östlich, ausserhalb des Reviers am Nordostabhange des Mahlscheider Kopfes im Stollen der Grube Carlshoffnung durch Haliserites Dech. und nicht weiter bestimmbare Reste von Zweischaalern und Trilobiten.

C. Dann weiter nördlich beim Freusburger Schlossberg am rechten Gehänge der Sieg durch eine Schicht mit Spirifer macropterus und Spirifer par. Schloth. var. socialis Krantz, welche auch am Ostabhange des Pelterberges nördlich von Freusburg wahrscheinlich fortsetzt.

D. Noch weiter nach Norden bei Niederfischbach unweit des Asdorfthales durch die Gattungen Spirifer, Leptaena, Pleurodictyum, Turbo, und zwar am Westgehänge des Betzelseifens und am Ostgehänge des Wäschebaches und des Ottersbaches.

Ein hervorragendes Interesse gewährt das Unterdevon innerhalb des Reviers durch den grossen Reichthum an Erzlagerstätten, die zu dem durch manganreichen Spatheisenstein berühmten Gangnetze gehören, welches in früherer Zeit vorzugsweise im Siegerlande ausgebeutet wurde und sich nordostwärts bis nach Varste im Kreise Olpe, südwestwärts über Waldbreitbach hinaus bis zur unteren Lahn bei einer ungefähren Breite von fünf Meilen verfolgen lässt.

Diese Erzlagerstätten sind durch ihr abweichendes Streichen und Einfallen von demjenigen des Nebengesteins als eigentliche Gänge charakterisirt. Sie setzen meist in Querspalten, stellenweise aber auch in Längsspalten auf und gruppiren sich, wenn auch die Längenerstreckung der einzelnen Gänge selten eine beträchtliche ist, doch zu Gangzügen von erheblicher Verbreitung, welche in den benachbarten Bergrevieren ihre Fortsetzung haben. Mit den Hauptgängen sind häufig Quertrümmer verbunden; auch schaaren sich den grossen Gängen kleinere Gangtrümmer oft zahlreich an.

In dem Gangnetz des Reviers lassen sich drei von Nordost nach Süd-

---

4. auf der Emmelshardt bei Biersdorf nördlich von den Pingen der Grube Füsseberg,
5. auf dem obersten Ohlig nordöstlich von den Pingen der Grube Ohligerzug,
6. im unterirdischen Maschinenraume von Ohligerzug,
7. am Fuss des Mahlscheider Berges zwischen Feld und Hauberg, südlich von der Bahnstation Herdorf, und auf dem Rücken desselben westlich von der Basaltkuppe.

west gerichtete Zonen erkennen, innerhalb welcher die Entwickelung der Erzgänge eine verschiedenartige ist. Die mittlere Zone enthält die Eisenerze, wenn auch stellenweise Kupferkies mit vorkommt, meist in der grössten Reinheit und mächtigsten Entwickelung, wogegen in den beiden anderen Zonen mit den Eisenerzen ausser Kupferkies häufig Bleiglanz und Zinkblende nesterweise oder in Nebentrümmchen auftreten und Fahl-, Nickel- und Antimonerze stellenweise mit einbrechen. Die mittlere Zone, in der auch Kobalterzgänge mit quarziger Gangmasse aufsetzen — welch' letztere als eine besondere, schmale Zone zwischen jener und der westlichen Gangzone angesehen werden kann — wird im Osten von einer durch die Ortschaften Rödchen, Salchendorf, Altenseelbach, Biersdorf, Weitenfeld und Nauroth, im Westen von einer durch die Ortschaften Siegen, Gosenbach, Mudersbach, Offhausen, Alsdorf und Steinebach zu legenden Linie ungefähr begrenzt.

Diese Zone setzt durch die Mitte des ganzen Reviers hindurch, wogegen die ihr sich südöstlich und nordwestlich anschliessenden Zonen grösstentheils ausserhalb des Reviers, bezw. in die Reviere Burbach und Hamm fallen. In der mittleren Zone verdichtet sich das Gangnetz, da sie sowohl die Mehrzahl der Gänge und von diesen die bedeutendsten enthält, zwischen der Sieg und Heller in einem Grade, wie es anderwärts im Rheinischen Schiefergebirge kaum noch vorkommt. Von den beiden anderen Zonen dagegen ist innerhalb des Reviers die südöstliche arm an Erzgängen, welche sich mit wenigen Ausnahmen nicht einmal bauwürdig erwiesen haben, und die nordwestliche zwar etwas reicher als jene an Erzgängen, jedoch mit nur wenigen Gängen durchzogen, welche hinsichtlich ihrer Nutzbarkeit den in zweiter Linie und noch weiter zurückstehenden Gängen der mittleren Gangzone gleichzusetzen sind. Die mittlere Zone bildet daher die Hauptgangzone des Reviers.

Die Gänge haben selten auf lange Strecken einen ungestörten Zusammenhang, sondern sind in der Regel vielfach durch Klüfte zertheilt; die einzelnen Theile sind dann meistens gegen einander verschoben, und zwar sowohl in streichender als auch in einfallender Richtung, wobei, da die Gänge nahezu senkrecht einfallen, die Klüfte gewöhnlich geringer geneigt sind.

Häufig streichen die Hauptklüfte eines Ganges mit einander parallel, und es zeigen sich auch die zwischen jenen liegenden Theile des Ganges in gleicher Richtung zu einander verschoben. Diese Erscheinung wiederholt sich zuweilen so oft, dass sich dieselbe schwer als eine Verschiebung der einzelnen Theile des Ganges in der Richtung der Klüfte ansehen lässt, sondern viel besser dadurch erklärt wird, dass man den Klüften, namentlich, wenn sie mit der Lage der Gebirgsschichten zusammenfallen, die Priorität im Alter vor den Gangspalten einräumt, da es sich dann leicht möglich zeigt, dass die Klüfte bei der Bildung der Gangspalten die Bruchkräfte wiederholt ablenkten und dadurch die gebrochene Linie der Gangspalte veranlassen konnten, in welcher sich ihre Theile befinden. Auf ein solches Verhalten haben schon

v. Dechen[1]) und Credner[2]) aufmerksam gemacht, und die hiesigen Gangverhältnisse bestätigen auch die folgenden, von dem Letzteren hieraus gezogenen Erklärungen:

„Auf diese Weise erklärt sich die gegenseitige Verwerfung, die gleiche Ausfüllung und die völlige Verschmelzung zweier sich verwerfenden, also anscheinend verschiedenalterigen Gänge, erklären sich ferner die oft in kurzen Zwischenräumen, nach entgegengesetzter Richtung wiederholten knieartigen Knickungen der Gänge sowie die Erscheinung, dass die getrennten Flügel eines Erzganges schmitzartig an eine Verdrückungsspalte sich anlehnen, und endlich, dass sich der eine Flügel in der Nähe einer Spalte vielfach zertrümmert, während der andere nur ein Gangstück bildet."

Die ursprüngliche Ausfüllungsmasse der Erzgänge bestand aus dem manganreichen Spatheisenstein und dem Quarz, sowie aus den erwähnten, sporadisch in diesen Mineralien vorkommenden sonstigen Erzen, wie namentlich Kupferkies, und aus Trümmern des Nebengesteins. Der Spatheisenstein bildet zwar auch heute noch den weit vorwiegenden Bestandtheil; ein grosser Theil desselben hat sich aber nach der Tagesoberfläche zu, und zwar von um so grösserer Tiefe aus, je weiter den die Zersetzung veranlassenden Atmosphärilien ein Vordringen gestattet war, in Oxyde und Hydrate des Eisens, unter Verlust der Kohlensäure, verwandelt. Dieser Zersetzungsprozess ist auf manchen Gängen schon weit über 100 m unter die Thalsohle zu verfolgen, wenn auch meistens in stark abnehmendem Grade, und scheint besonders dann tief vorgedrungen zu sein, wenn das Streichen des Ganges sich demjenigen des Nebengesteins nähert oder gleichstellt. Durch diese Zersetzung wurde die innige Vermengung des Eisens mit dem schon eher oxydirenden Mangan gelockert; das Eisencarbonat ging in die verschiedenen Arten des Braun- und Rotheisensteins und das Mangancarbonat in Oxyde und Hydrate des Mangans über, wobei sich die neuen Verbindungen des Letzteren häufig mantelartig um die neuen Eisenverbindungen legten. Während sich der Brauneisenstein besonders in der glaskopfartigen Modifikation ausbildete, nahm der Rotheisenstein vorzugsweise die Modifikation des Eisenglanzes an. Die Grenze zwischen dem unzersetzten und dem zersetzten Eisenerz blieb gewöhnlich scharf gezogen, da die krystallinische Struktur des Carbonates gleichzeitig auch mit dessen Zersetzung schwand. Nur zuweilen zeigt diese Struktur sich im Rotheisenstein noch bewahrt und gewährt dann den deutlichsten Beweis für die Priorität des Spatheisensteins vor dem Rotheisenstein, welcher daher in grösseren Tiefen, wohin die zersetzenden Atmosphärilien nicht mehr

1) Geographische Uebersicht des Regierungsbezirks Arnsberg, in der Zeitschrift des naturhistorischen Vereins der preussischen Rheinlande und Westphalens. Jahrg. 12 (1855), S. 209.

2) Elemente der Geologie. 3. Auflage. S. 239.

gelangen können, ebenfalls abnehmen wird, wie es beim Brauneisenstein schon lange beobachtet wurde.

Bleiglanz und Zinkblende, die sich nächst dem Kupferkies, wie schon oben bemerkt, in manchen Gängen häufiger finden, sind ebenfalls wie letzterer in Carbonate zersetzt, wurden aber wie diese wohl grösstentheils von den zersetzenden Gewässern fortgeführt, da sich in dem Braun- und Rotheisenstein weit seltener, als in dem Spatheisenstein, Kupfer-, Blei- und Zinkerze bemerken lassen.

Der weisse, dichte, die Eisensteingänge in vielfachen Verzweigungen durchsetzende Quarz findet sich zwar wie im Spatheisenstein, so auch in grossen Massen im Braun- und Rotheisenstein wieder, ist aber in jenen Verbindungen häufig sehr zerfressen, zuweilen auch in eine leicht zerreibliche Masse umgewandelt. Drusen kommen im Brauneisenstein und Eisenglanz in grosser Zahl und verschiedener Ausdehnung vor, vorherrschend in ersterem, in welchem sie häufig grössere Räume bilden. Ihre inneren Wände sind oft mit wasserhellen Quarzkrystallen überzogen; letztere finden sich besonders in den Eisenglanzdrusen. In weissen bis wasserhellen Krystallen erscheint der Quarz auch häufig auf den Wänden der Spalten, die sich im Spatheisenstein nach dem Streichen und Einfallen des Ganges hin fortziehen und das Bild darbieten, als ob in diesen Spalten der Ausfüllungsprozess des Ganges den Schluss erreichte, wobei dann häufig die Krystalle der einen Wand in die der anderen zahnartig eingreifen.

Stücke des Nebengesteins, die in verschiedener Grösse und oft bedeutendem Umfange in die Gangspalten geriethen, finden sich im Braun- und Rotheisenstein häufig in thonige und lettige Massen zersetzt und von Eisenerz vielfach durchzogen.

Die Kobalterzgänge des Reviers, welche sich von den übrigen Erzgängen wesentlich dadurch unterscheiden, dass nicht der Spatheisenstein, sondern der dichte weisse Quarz die Grundmasse bildet, enthalten gewöhnlich nur Speis- und Glanzkobalt, eingesprengt oder nesterweise. Häufig finden sich dabei kleine Nester von Eisenerz, sehr selten die in den Eisensteingängen mitbrechenden Erze. Die Kobalterzgänge setzen vorzugsweise auf zwischen Niederschelden und Brachbach am linken Gehänge der Sieg.

Die Mächtigkeit der Gänge schwankt ausserordentlich und liegt zwischen der Breite eines Besteges und derjenigen von mehreren Metern; sie erreicht sogar stellenweise 14 m und mehr. Die Erzführung wird häufig dadurch beeinträchtigt, dass sich Bruchstücke des Nebengesteins in der Gangspalte befinden.

Die grösste Mächtigkeit fand sich bisher auf dem Hollerter, Bollenbacher, Florzer-Füsseberger und Bindweider Gangzuge.

Zuweilen besteht die Gangmasse aus einem derartigen Gemenge von Erz und Nebengestein, dass sich dies nur dadurch erklären lässt, dass das

Gebirge sich an solchen Stellen nicht in eine Hauptspalte, sondern in viele kleine Spalten getheilt hat, welche sich später mit Erz ausfüllten.

Eigentliche Saalbänder haben die Erzgänge nicht häufig, sondern die Ausfüllungsmassen derselben lösen sich meistens entweder glatt von den Spaltenwänden ab oder sind mit diesen verwachsen.

Die Entstehung dieser Erzgänge muss vor der Epoche der Durchbrüche des Basalts durch die Devonschichten stattgefunden haben, da der Basalt diejenigen Gänge, die er traf, durchsetzt hat, wie dies die Basaltfunde in den Gängen der Gruben Mahlscheid, Gottessegen, Kuhlenwalderzug und Brühlszeche beweisen, die unter C. dieses Abschnitts näher beschrieben sind. Die Erzgänge sind auch älter, als die Bildung der vorhandenen Thäler, weil in den Thälern die Gänge ebenso wie die sie einschliessenden Devonschichten von den Gewässern erodirt wurden. Dies zeigt sich vielfach, namentlich an den Gehängen der Thäler des Sottersbaches und des Daadenbaches, welche sich beide durch den Florzer-Füsseberger Gangzug quer hindurchziehen.

B. Tertiärgruppe.

Die Tertiärgruppe ist durch die Ausläufer des nördlichsten Theiles des aus dem benachbarten Regierungsbezirk Wiesbaden über die Südgrenze des Reviers greifenden, auf dem Basaltplateau des hohen Westerwaldes verbreiteten oligocänen Braunkohlengebirges repräsentirt. Letzteres ist auf beiden Gehängen der kleinen Nister von Osten nach Westen abgelagert und reicht nordwärts bis zu einer Linie, die sich von der Lipper Höhe (östlich vom Steinskopf) über den Muderstein nach Kotzenroth hin, aber noch kurz vor diesem Ort weiter südwestwärts über die Reviergrenze hinaus ziehen lässt. Da diese Linie das Revier nur in dessen beiden südwärts von Nisterberg bis Emmerzhausen und bei Nauroth hervorragenden Theilen durchschneidet, so fallen nur diese in das Ablagerungsgebiet des Braunkohlengebirges. Dasselbe ist unter der Dammerde von einer Schicht weisslich- oder gelblich-grauen Thones mit eingeknetetem, aus Stücken sehr verschiedener Grösse bestehendem Basaltgeröll und von Basaltkonglomerat bedeckt und tritt mit dem Devongebirge, dem es hier als nächstes Sediment folgt, fast nie in unmittelbare Berührung, da Basaltmassen dazwischen treten. Es füllt hauptsächlich die Mulden zwischen den Rücken und Kuppen dieser Massen aus und wird von Basaltgängen durchsetzt. Der Zusammensetzung nach besteht das Braunkohlengebirge aus einem Wechsel von flach gelagerten Thon- und Kohlenschichten, wobei die Thonschichten am Ausgehenden grössere Mächtigkeit (20 bis 25 m) besitzen, als im Innern der Mulden, wo die Kohlenflötze mächtiger sein sollen.

Angeregt durch den im benachbarten Nassauischen Gebiete auf regelmässig gelagerten und mächtigen Braunkohlenflötzen umgehenden Bergbau, hat man sich sowohl seitens des Staates, wie seitens der Privaten in der Mitte dieses Jahrhunderts lebhaft mit bergmännischen Versuchsarbeiten zur Entdeckung von Braunkohlenflötzen im Reviere beschäftigt. In der westlichen Partie wurde zwischen Kotzenroth und Nauroth, namentlich in dem Hubenholze ein Stollen von 152 m Länge von Süden nach Norden getrieben, aber nur schwarzer, mit Braunkohlenstückchen vermischter Letten von 0,3 bis 0,7 m Mächtigkeit gefunden, und durch Bohrlöcher, die man bis auf die Grauwacke niederbrachte, ebenfalls kein Braunkohlenflötz entdeckt. Nur südlich von Nauroth am Nordabhange des Nauberges hat man einige Meter unter Tage an zwei Stellen ein solches Flötz von 0,3 bis 0,5 m Mächtigkeit erschürft, welches die Verleihung der Grube Habsburg veranlasste, jedoch als eine für lohnenden Bergbau zu oberflächliche Ablagerung erkannt wurde, indem ein auf das Flötz getriebener Stollen dasselbe unterfuhr, ohne mit letzterem durch den sich im Liegenden zeigenden festen Basalt durchschlägig geworden zu sein.

In der östlichen Braunkohlenpartie, welche südlich von Nisterberg in der Grube Hermannszeche hart an die Reviergrenze herantritt und dem Braunkohlenbergbau im Regierungsbezirk Wiesbaden am nächsten liegt, ist nach Cramer (Beschreibung des Berg-, Hütten- und Hammerwesens der Nassau-Using'schen Lande, S. 70) bereits gegen Ende des vorigen Jahrhunderts „in 5 Lachter Tiefe ein 1 Lachter mächtiges Holzflötz“ entdeckt worden. Später erschürfte man an der Westseite jenes Ortes bei einer Kapelle einige Meter unter der Dammerde ein c. 1,2 m mächtiges, etwas unreines, wahrscheinlich lettenhaltiges Braunkohlenflötz, welches wohl ebenso wenig wie der erste Fund eine Gewinnung lohnend erscheinen liess, da von einer solchen nichts bekannt und nur der Versuch erwähnt ist, mit einem Stollen das Flötz aufzuschliessen, was indess durch das Zubruchegehen desselben in Folge des starken Druckes der hangenden Thonschichten missglückte. Noch später, im vierten und fünften Jahrzehnt, wurde die Umgebung von Nisterberg systematisch abgebohrt; die Bohrlöcher wurden 10 bis 50 m tief, wiesen auch c. 100 m westlich von jenem Orte ein möglicherweise mit dem Funde bei der Kapelle identisches Kohlenflötz, aber nur von 0,7 m Mächtigkeit nach, sonst nur Lettenschichten, die vereinzelte Kohlenstückchen enthielten. Sie zeigten auch, dass sich das Braunkohlengebirge östlich von Nisterberg nordwärts stark nach der Tiefe einsenkt, und dass die westlichen oberflächlichen Flötzfunde nicht mit der Grube Hermannszeche in Zusammenhang stehen konnten, woselbst ein von Süden nach Norden streichendes, westlich einfallendes Kohlenflötz von 2 m Mächtigkeit neben einigen schwächeren Flötzen abgelagert ist.

Nördlich von Nisterberg reichten die Versuchsarbeiten auf Braunkohle bis zur südlichen Umgebung von Derschen, wo das nachstehend erwähnte interessante Schichtenprofil aufgenommen wurde.

Nur c. 5 km nordöstlich von Nisterberg und zwar auf dem Nordwestabhange des Steinskopfes bei Emmerzhausen hat sich ein bauwürdiges, unter Einschluss eines Basaltmittels 2 m mächtiges, auf Basalt abgelagertes und von Basaltrücken durchsetztes Braunkohlenflötz in einer flachen, dort auch zu Tage ausgehenden Mulde abgelagert gefunden, auf welches die Grube Adolphsburg verliehen worden ist. Hier fand auch eine bergmännische Gewinnung statt, bis das Flötz über dem Stollen, mit dem man es aufgeschlossen hatte, abgebaut war.

Das vorerwähnte Schichtungsprofil wurde mit einem Schachte von 24,6 m Teufe erschlossen, von dessen Sohle aus man noch mittelst eines Bohrloches weitere 20,8 m untersuchte. Dasselbe liegt nahe am Ausgehenden des Braunkohlengebirges und bestand aus:

1.	Dammerde aus lehmartigem grauen Thon mit Basaltgeschieben	$^{5}/_{10}$	Lachter
2.	Basalt mit kugelförmigen Absonderungsflächen (sogen. Kugelbasalt) streichend in Stunde 8. 4, einfallend mit 16 bis 18° gegen Südwest (wahrscheinlich besser Basaltkonglomerat genannt)	3	„
3.	Aufgelöste Basaltmasse mit Speckstein und Bol (str. u. fallend w. o.)	1	„
4.	Fester Kugelbasalt mit Speckstein auf den Klüften (str. u. fallend w. o.)	$2^{7}/_{10}$	„
5.	Verhärteter hellgrauer Thon (str. u. fallend w. o.) .	$^{8}/_{10}$	„
6.	Eine Schicht, mit der das Streichen in Stunde 3 und das Einfallen gegen Südost eintrat, bestehend erst aus einem dünnen Deckel von braunem, eisenschüssigen Gebirge, dann weicherem, graugelben Thon	$2^{2}/_{10}$	„
7.	Grünlich und schwärzlich grauer Thon mit Braunkohlenstücken	2	„
8.	Gelblich weisses, sandig thoniges Gebirge, nach unten zu härter und ähnlich werdend der Masse, aus der die Gestellsteinschichten in den Devonschichten bestehen, wechsellagernd hin und wieder mit weicheren Massen (also wahrscheinlich schon Devongebirge . .	$10^{4}/_{10}$	„
	zusammen	$22^{6}/_{10}$	Lachter
	oder rund 46 Meter.		

Die Braunkohle des Reviers ist wie überhaupt im Westerwalde holzartig und von hellbrauner Farbe und geht selten in erdigen Zustand über. Die Struktur des Holzes, aus der sie entstand, ist noch deutlich erkennbar. Die Kohle hat aber doch einen solchen Grad der Umwandlung erreicht, dass sie sich schneiden und brechen lässt, ohne zu fasern, und eine glänzende, fast dichte Schnittfläche zeigt. Bituminöses Holz und verkieseltes Holz kommen vielfach im Westerwälder Braunkohlengebirge vor und finden sich auch isolirt auf Basaltbergen, wo sie wahrscheinlich die Reste von dem dorthin in grosser Mächtigkeit abgelagerten Braunkohlengebirge sind, welches mit der Zeit weggeschwemmt wurde.

Es sind solche bituminöse und verkieselte Hölzer am Hohenseelbachskopf in der östlichen der beiden Basaltpartieen vorgekommen, welche der Basaltkuppe jenes Berges an dessen Südostabhang sich anschliessen. Das dortige, durch einen Schurf entblösste Basaltkonglomerat umschloss an vielen Stellen schön faseriges, seidenglänzendes, bituminöses Holz in einzelnen flachen Bruchstücken und Splittern, welches zuweilen pechkohlenartig und von muscheligem Bruche war. In diesem Konglomerat fanden sich auch vereinzelt verkieselte Hölzer, meist aufrecht stehend, der Richtung ihrer Holzfasern nach wie Scheite von 1 bis 5 Fuss Länge. Beide Holzvorkommen gehören der Coniferengattung Pinites an, die sich auch in anderen Braunkohlen findet [1]).

C. Basalt.

Der Basalt, welcher im Reviere meistens in dem Gebiete des Tertiärgebirges auftritt, ausserdem aber auch fern davon in isolirten Partieen vorkommt, bildet die nördlichen und nordwestlichen Ränder und Ausläufer des Plateaus des hohen Westerwaldes, welches hauptsächlich aus diesem Gestein besteht. Vom Stegskopfe aus, der, nur c. 4 km von dem das Centrum des Plateaus beherrschenden Salzburger Kopf entfernt, die höchste Erhebung des nördlichen Randes und die äusserste Ecke der Südostgrenze des Reviers bildet, laufen die Basaltrücken und Kuppen fast strahlenförmig nach Norden und Nordwesten aus. Drei Reihen von Kuppen treten besonders hervor. Die nördlichste zieht sich bis ungefähr in die Mitte des Reviers zwischen Kirchen und Betzdorf, die mittlere bis ungefähr in die Mitte der Gegend zwischen Betzdorf und Gebhardshain an der westlichen Reviergrenze und die südlichste, welche theils innerhalb, theils ausserhalb des Reviers liegt, endigt an der Südwestecke des Letzteren.

Der 630 m hohe Stegskopf (Steinskopf) bildet den höchsten Berg des Reviers. Dicht gedrängt schliessen sich ihm nach Norden und Nordwesten die nächsten Basaltmassen in allmählicher Abdachung an, worunter ostwärts der Höllenkopf, westwärts der Hemberg, der Kleinsteinchen und der Muderstein die bedeutendsten sind. Es beginnen dann, etwa von einer zwischen Friedewald und Emmerzhausen gezogenen Linie aus, die Basaltmassen in den genannten drei Reihen mehr auseinander zu strahlen.

---

1) Karsten und v. Dechen, Archiv für Mineralogie. Bd. 14 S. 182 bis 196 und S. 197 bis 229.

Die mittlere Reihe zieht sich fast am Nordrande des Daadenthals hin über die Basaltberge Arndtskopf bei Derschen, Schimberg bei Friedewald, Burgberg bei Oberdreisbach, Steinkopf zwischen Niederdreisbach und Elkenroth, Hasslikopf bei Elkenroth, Käusersteimel bei Kausen, Steinrother Kopf bei Steinroth (neben welchem an der Südostseite noch eine kleine, bis unter den Rasen angeblich abgebaute und daher nicht mehr sichtbare Partie, genannt Dicke Mauer im Haubergsdistrikte Steinert auftreten soll) und Hümerich zwischen Gebhardshain und Dauersberg.

Die südlichste Reihe tritt erst bei Nauroth mit dem Nordabhange des südlich davor gelegenen Nauberges ein und zieht sich dann in die Umgebung des Dorfes Kotzenroth, auf dessen Westseite sie in der Steineberger Höhe endet und eine von Osten nach Westen c. 4 km lang elliptisch geformte Kuppe erreicht, die weithin über ihre Umgebung dominirt und auf dem Streichen eines grossen Eisensteingangzuges zwischen den darauf betriebenen Gruben Eintracht und Alter Alexander liegt. Von diesen aus sind Strecken bis nahe unter die Kuppe des Berges getrieben, die noch im Grauwackengebirge stehen.

Die nördlichste Reihe der Basaltkuppen liegt auf dem Gebirgsrücken nördlich der Daade, beginnt mit dem Trödelstein (Dreisteine), setzt nordwestwärts fort hauptsächlich im Hohenseelbachskopf und Mahlscheiderkopf zwischen Daaden und Herdorf, ferner im Druidenstein [1]) nördlich vom Hellerthal, welcher auf dem Streichen des grossen Hollerter Gangzuges liegt, und endet mit einer kleinen, am Westausgange von Betzdorf liegenden, in Folge von Steinbruchsbetrieb nicht mehr sichtbaren, sowie mit einer 200 m nördlicher gelegenen sichtbaren Kuppe, die jedoch nur auf wenige Schritte im Umfange entblösst ist.

Nordwestlich von dieser Reihe befindet sich bei Niederfischbach am linken Gehänge des Asdorfthales die nördlichste Ablagerung von Basalt, welche in Form von Blöcken (Rollstücken) beim Fundamentiren der Häuser und beim Pflügen zu Tage tritt.

Zwischen den beiden nördlichen Reihen von Kuppen treten noch kleine, isolirte Partieen von Basalt auf: östlich von Daaden zwischen dem Bodenbach und dem Mühlberg am südlichen Thalgehänge und eine dritte Partie am Nordostabhange des Zimberges bei Niederdreisbach.

Auch unterirdisch sind Basaltmassen als Gänge an vielen Stellen im Reviere durch Grubenbau aufgeschlossen worden, von welchen ein Aufschlusspunkt noch über die nördlichste Reihe der Kuppen hinausreicht. Solche Aufschlüsse wurden gemacht:

---

1) Näher beschrieben von J. Ch. L. Schmidt in dem unter Nr. 12 des literarischen Anhanges aufgeführten Aufsatze.

1. In dem über dem Westabhange des Mahlscheider Kopfes sich erstreckenden Felde der Grube Mahlscheid. Daselbst wurde unter dem Basalte des Berges ein Basaltgang angefahren von 6 m Mächtigkeit, der, in Stunde $4^1/_2$ streichend und nordwärts einfallend, wahrscheinlich nach oben fortsetzt und näher von J. Ch. L. Schmidt a. a. O. beschrieben ist.

2. In der Eisenerzgrube Gottessegen bei Schutzbach im Gebirge Heidenberg. Hier treten mehrere Basaltgänge auf, die das Nebengestein und die Gänge, den sogen. Glanzgang und den Hoffnungsgang, bald querschlägig, bald in streichender Richtung durchsetzen, bald sich mit dem Letzteren schleppen, in der Mächtigkeit von wenigen cm bis zu 1 m schwanken, grösstentheils, namentlich an den äusseren Theilen, in thonige, häufig nicht mehr schwarzgraue, sondern gebleichte, weissliche und gelbliche Wacke zersetzt sind, aber doch auch im Innern zuweilen noch unverändert und fast wie der in den Kuppen zu Tage tretende Basalt erscheinen.

3. In der Braunkohlengrube Adolphsburg am Nordwestabhange des Stegskopfes. Mehrere Basaltrücken durchsetzen hier das Braunkohlengebirge.

4. In dem tiefen, von der Eisenerzgrube Glaskopf nach der Eisenerzgrube Reuschenberg bei Biersdorf getriebenen Stollen, wo mehrere Basaltgänge durchsetzen, die möglicherweise mit der oben angegebenen kleinen, zu Tage tretenden Basaltpartie weiter westlich am Zimberge zusammenhängen.

5. In der Eisensteingrube Kuhlenwalderzug bei Brachbach. Dieser von allen Basaltvorkommen des Reviers am nordöstlichsten gelegene Punkt bildet einen c. 60 cm mächtigen, ungefähr in Stunde $9^1/_2$ streichenden und senkrecht einfallenden Basaltgang, welcher den dortigen, 5 m mächtigen, in Stunde $3^1/_2$ streichenden Spatheisensteingang ohne Verwurf quer durchsetzt, nachdem er sich eine Strecke lang auf beiden Seiten mit ihm geschleppt hat, sich dann aber im hangenden und liegenden Nebengestein auskeilt. Seine Masse, zuweilen noch ganz unverändert, geht nach den Saalbändern zu, die denselben gewöhnlich von den durchsetzten Gesteinen trennen, allmählig in thonige Wacke über, und der dem Basalt zunächst liegende Spatheisenstein ist von der Berührungsstelle an bis 1 m tief in den Eisensteingang hinein, unter Schwärzung seines sonst fleischfarbigen Aussehens, in Magneteisenstein auf seinen krystallinischen Blätterdurchgängen umgewandelt, wogegen das Nebengestein unverändert erscheint.

6. In der Grube Brühlszeche, 1 km östlich von dem eben erwähnten Basaltgange. Hier findet sich ebenfalls ein den Brauneisensteingang dieser Grube durchsetzender Basaltgang, der, 200 m von dem Mundloche des tiefsten Stollens aufsetzend, 300 m Mächtigkeit erreicht und gemäss seinem aus Stunde $1^1/_2$ in Stunde $10^1/_2$ übergehenden Streichen möglicherweise die Fortsetzung des anderen Basaltganges sein kann, übrigens den Brauneisenstein ebenso wenig wie anderswo verändert hat.

7. Im tiefen Stollen des Kupfer-, Kobalt- und Eisenerzbergwerks Junger Wald nördlich von Betzdorf, 200 m vom Mundloche, ein in Stunde 3 bis 4 streichender, südöstlich einfallender Basaltgang, der wahrscheinlich mit den zwei südöstlich von ihm gelegenen, oben am Westausgange von Betzdorf erwähnten Basaltkuppen zusammenhängt.

Nach der Erscheinung mehrerer der bedeutendsten Basaltkuppen und den unter Tage in der Nähe von Basaltkuppen gemachten Aufschlüssen ist anzunehmen, dass die aus dem umgebenden Grauwackengebirge hervorragenden Kronen derselben einen geringen Umfang haben, und dass der weitaus grösste Theil der um die Kuppen herum gelagerten Basaltmassen, welche theils aus locker aneinander liegenden, grossen und kleinen Blöcken, theils aus einem konglomeratartigen, von Blöcken, Stücken und feinkörniger Masse zusammengesetzten Gemenge, theils endlich aus einer tuffartigen Masse bestehen, Reste oder Trümmer der einst höher aufragenden Theile der Kuppen sind. Dass letztere mit dem Wegwaschen des Mantels von Sedimentärgestein durch die atmosphärischen Niederschläge, deren zerstörenden Wirkungen die Basaltmasse viel grösseren Widerstand leistet, zerfielen, war um so leichter möglich, als die Kuppen gewöhnlich in Folge der Abkühlung ihrer Masse nach dem Empordringen sich säulenförmig oder plattenförmig zerklüfteten, wie dies namentlich am Druidenstein, Mahlscheider Kopf und Hohenseelbachskopf sehr deutlich zu sehen ist. Die leichtere Zerstörbarkeit der Grauwackenschichten veranlasste es auch, dass die zu Tage tretenden Basaltkuppen sich in der Regel nur auf Höhen, nicht in Thälern finden. Die Ausdehnung und Mächtigkeit der Basalttrümmer, welch' letztere oft (z. B. bei Kotzenroth, Nauroth, Derschen) viele Meter erreicht, weisen darauf hin, dass die Basaltkuppen eine bedeutende Höhe ebenso eingebüsst haben müssen, wie auch die Grauwackenschichten, deren vom Wasser fortgeführte Eisentheile sich jetzt in den Lagern wiederfinden mögen, die nicht selten am Fusse der mit Basaltkuppen versehenen Berge vorkommen.

Wie die Basalte des Westerwaldes überhaupt, so gehören auch diejenigen des Reviers in petrographischer Beziehung nach Zirkel zu den Feldspathbasalten. Sie sind feinkörnig bis dicht, haben dem Anscheine nach eine gleichförmige Vertheilung der Gemengtheile in der Grundmasse, die wesentlich aus Plagioklas besteht. Der Olivin ist in ihr in sparsamen Körnern und nur selten in grösseren Partieen zerstreut. Ausscheidungen von Augit und Hornblende sind nicht selten. Magneteisen ist nur in feinen Körnern erkennbar und findet sich minder häufig in dem dichten, als in dem mehr körnigen Basalte. Arragonit, Kalkspath, Speckstein nach Erbreich (Karsten's Archiv für Mineralogie, Bd. 8, S. 3 bis 51), auch, aber seltener, Harmotom, Analcim und andere Zeolithe finden sich als Ausfüllungsmasse in den vielfach vorkommenden Blasenräumen des Basaltes. Nach H. Krämer (Verhandl. des naturhist. Vereins der preuss. Rheinlande und Westfalens, Jahrg. 14 (1857)

S. 126 bis 130) zeigten sich bei der Analyse des Basaltes vom Druidenstein auch Kupfer, Titansäure, Phosphorsäure, Chlorbarium sowie kohlensaures und schwefelsaures Natron.

In manchen Basaltvorkommen des Reviers entdeckt man reichliche Mengen von bereits in gelblich weissen bis apfelgrünen Phosphorit zersetzten Apatit und zwar knollen- und nesterförmig in den den festen Basalt der Kuppen häufig zunächst überlagernden Tuffschichten. Ganz besonders sind hieran reich die Tuffschichten, welche die westliche Seite der Basaltkuppe des Steinrother Kopfes bei Steinroth bedecken. Vergl. Heusler in den Verhandl. des naturhist. Vereins der preuss. Rheinlande und Westfalens, Jahrg. 38 (1881) S. 7 der Sitzungsberichte. Die Analysen dieses Phosphorits ergaben in einigen Stücken nach Angabe des Bergmeisters Ribbentrop in Helmstedt 69,90 % phosphorsaure Kalkerde (entspr. 32,02 % Phosphorsäure), 3,22 % Eisenoxyd und Thonerde, ferner Wasser, Kohlensäure und in Säuren unlösliche Bestandtheile; in anderen Stücken nach Angabe der Besitzer der Berechtigung zur Gewinnung dieser Ablagerungen (Packard, Müller & Cie. in Wetzlar) 80,30 % phosphorsaure Kalkerde (entspr. 36,08 % Phosphorsäure), 7,66 % Kalk, 1,96 % Eisenoxyd und Thonerde, 1,75 % lösliche Kieselsäure, 2,27 % unlöslichen Rückstand. Das Vorkommen erscheint als eine Anreicherung der in dem Basalte enthaltenen Apatitbestandtheile, wobei die anderen Stoffe des Basaltes weggeführt wurden.

Wie aus den Erscheinungen, dass die Eisensteingänge von Basaltgängen durchsetzt werden, und dass auf dem Streichen der Ersteren Basaltkuppen häufig zu Tage treten, zu folgern ist, dass die Eisensteingänge schon vor dem Empordringen des Basaltes fertig gebildet waren, so zeigt andererseits die Ueberlagerung des festen, unveränderten Basaltes durch das Tertiärgebirge, dass das Hervortreten des Basaltes schon vor der Ablagerung der Tertiärschichten begonnen hat. Ohne Zweifel hat sich dasselbe während und nach dieser Ablagerung wiederholt, da Rücken und Gänge von Basalt in dem Tertiärgebirge auftreten.

Die Zerstörung der Basaltkuppen, deren Trümmer als Blöcke und Konglomerate in grosser Ausdehnung auch die Tertiärschichten bedecken, mag schon während der Ablagerung der Letzteren stattgefunden haben, dauert aber nach derselben bis zur heutigen Zeit fort.

D. Alluvium.

Alluvialbildungen finden sich hauptsächlich als Geröll in den Thalsohlen bis in das Bett der Gewässer hinein. Dieses Geröll besteht aus abgerundeten Geschieben der Grauwackenschiefer und Basalte von der Grösse eines Kopfes bis zu Korngrösse und ist von einem lehmigen Boden bedeckt, der sich hauptsächlich zur Wiesenkultur eignet und dazu vorwiegend nutzbar gemacht wird. In dem Geröll finden sich zuweilen auch Geschiebe von weissem Quarz und von Erz, welche von den durch die Erosion zerstörten Gängen herrühren.

Auch an den Thalgehängen selbst kommen Alluvialbildungen vor, wozu z. B. die Lehm- und Geröllschicht gerechnet werden muss, die am rechten Thalgehänge der Sieg in Betzdorf, gegenüber der zum Bahnhofe führenden Fussgängerbrücke, zur Fabrikation von Ziegeln benutzt wird. Diese Geröllschicht liegt auf den Devonschichten, und über ihr die Lehmschicht in 2 bis 3 m Mächtigkeit. Beide scheinen auf ein altes Flussbett der Sieg hinzuweisen.

Am Ostabhange des Basaltberges Steineberger Höhe kommt auch in einem kleinen Umkreise am Schachte der Grube Herkules ein meist aus weissen Quarzkörnern bestehendes Geröll vor, wahrscheinlich der Rest von früher dort in grösserer Mächtigkeit abgelagertem Braunkohlengebirge.

Ausserdem finden sich als Alluvium Torfmoorbildungen auf dem sogen. Geschwemme, einer Hochebene zwischen Nisterberg und dem Stegskopf, sowie auf der Hochebene bei Elkenroth, auf welcher früher über der Torfbildung drei Weiher lagen, die bis auf den mittleren jetzt ausgetrocknet sind.

IV. Uebersicht über die nutzbaren Mineralien und Gebirgsarten.

Die nutzbaren metallischen und nicht metallischen Mineralien bezw. Gebirgsarten des Revieres sind folgende:

A. Dem Allgemeinen Berggesetze unterworfene Mineralien:

1. Von den nicht metallischen bloss Braunkohlen.
2. Metallische Mineralien.

Eisenerze: Spatheisenstein, Brauneisenstein und zwar erdig und dicht, ferner als Lepidokrokit, Glaskopf, Sammtblende, Ocker, Göthit, Rotheisenstein, meist als Eisenglanz und Eisenrahm, Thoneisenstein.

Zinkerze: Zinkblende, schwarze und braune, Zinkblüthe.

Bleierze: Bleiglanz, Weissbleierz.

Silbererze: Fahlerz.

Kupfererze: Kupferkies, Malachit, Rothkupfererz, Kupferlasur, Kupferglaserz, gediegen Kupfer.

Kobalterze: Speiskobalt, Glanzkobalt, Kobaltblüthe.

Nickelerze: Haarkies, Nickelvitriol, Nickelocker, Nickelantimonglanz, Nickelwismuthglanz.

Manganerze: Manganit, Pyrolusit, Hausmannit, Psilomelan, Wad.

B. Dem Allgemeinen Berggesetze nicht unterworfene Gebirgsarten:

1. Dachschiefer.
2. Basalt.

Die wichtigsten Lagerstätten der nutzbaren Mineralien, welche durch den Grubenbetrieb und für die technische Ausnutzung Bedeutung erlangt haben, sind auf der (zu der Revierbeschreibung gehörenden) topographischen Karte aufgetragen, während die Namen der auf diesen Lagerstätten verliehenen Bergwerke in dem als Anhang beigefügten Verzeichnisse zusammengestellt sind.

Ausserdem kommen im Reviere noch folgende Mineralien vor, welche mineralogisches Interesse darbieten:

Kupferindig, namentlich auf der Grube Vereinigter Findling bei Brachbach,
Polydymit, Beyrichit und Arseniknickelkies auf der Grube Grüneau bei Schutzbach,
Manganspath auf der Grube Ohligerzug,
Brauneisenstein-Pseudomorphosen nach Spatheisenstein,
Kugeln von dichtem Brauneisenstein, in Spatheisensteindrusen eingeschlossen, auf der Grube Ohligerzug,
Rubinglimmer (Göthit) auf der Grube Ohligerzug, Bindweide, Hollertszug, Bollnbach und Venus,
strahliger Grüneisenstein auf der Grube Hollertszug im Offhäuser und Mittelberger Felde,
Stilpnosiderit ebendaselbst,
Gelbeisenstein ebendaselbst,
Bauxit,
Schwefelkies,
Quarz, dicht und auch in Einzelkrystallen ausgebildet,
Bergkrystall,
Chalcedon auf der Grube Friedrich Wilhelm,
Kieselschiefer,
Augit und Olivin im Basalt,
Phosphorit, namentlich auf dem Steinerother Kopfe,
Kalkspath (krystallisirt) auf der Grube Gottessegen.

Braunkohle, Dachschiefer und Basalt sind unter den nutzbaren Mineralien und Gesteinen des Reviers bei dem grossartigen Reichthume an Erzen, namentlich Eisenerzen, von ganz untergeordneter Bedeutung. Die Eisenerze sind auf allen Gängen vorhanden und auch in zwei unbedeutenden Thoneisensteinlagern vertreten; gegen die übrigen Erze, mit Ausnahme der Kobalterzgänge, herrschen sie auf fast allen Gängen vor.

Man trennt die Eisenerze bei der Förderung in drei Sorten, Brauneisenstein, Eisenglanz und Spatheisenstein, soweit dies bei der häufig vorkommenden innigen Verwachsung thunlich ist. Der Metallgehalt beträgt in der Regel bei dem

Spatheisenstein	33 bis 40 %	Eisen	mit 5 bis 10 %	Mangan
Brauneisenstein	42 „ 50 %	„	„ 6 „ 12 %	„
Rotheisenstein	46 „ 60 %	„	„ 2 „ 4 %	„

In den meisten Erzen und zwar am erheblichsten im Spatheisenstein ist ein kleiner Gehalt an Kupfer von gewöhnlich 0,7 bis 0,01 %, in den Erzen einzelner Gänge auch ein unbedeutender Zinkgehalt, in denen anderer Gänge ein geringer Bleigehalt nachgewiesen. Phosphor findet sich in der Regel in ganz unbedeutender, bei den meisten Analysen in nicht vermerkter Menge, und von den beim Verschmelzen der Erze schlackenbildenden Stoffen sind meistens 1 bis 12 Prozent vorhanden; unter diesen überwiegt die Kieselsäure, neben welcher noch Thonerde und Magnesia in erwähnenswerther Menge vertreten sind.

Der Spatheisenstein, das wichtigste und häufigste der Eisenerze des Reviers, kommt in grobblättrig und feinblättrig krystallinischem, selten ganz dichtem Gefüge (z. B. auf der Grube Stahlert) von weisslich grauer oder fleischartiger Farbe vor, welche je nach dem Grade der Zersetzung des Minerals gelblich grau oder braun bis röthlich wird. Vollkommen ausgebildete Krystalle von Spatheisenstein finden sich selten, sind aber zuweilen ganz in Brauneisenstein oder Rotheisenstein umgewandelt. (Grube Bollnbach bei Herdorf.)

Grobblätteriger (grobspangeliger) und feinblätteriger Spatheisenstein kommen zwar auf den meisten Gruben zusammen vor, jedoch überwiegt auf einigen Gängen die eine oder andere Varietät. Mit der ersteren ist gewöhnlich ein starkes Zurücktreten des Kupferkieses sowie ein grösserer Mangangehalt verbunden.

Der grobblätterige Spatheisenstein findet sich vorwaltend auf dem Gangzuge der Grube Apfelbaum und Ecke, auf dem Gange der Grube Venus bei Brachbach und auf dem Guldenhardter Gangzuge bei Herdorf, sodann mit der feinblätterigen Varietät ungefähr in gleichen Theilen auf den Eisenerzgängen der westlichen Gangzone und auf dem Bollnbach-Stahlberger, Stahlerter und Hollerter Gangzuge in der mittleren Gangzone bei Herdorf. Die feinblätterige Varietät überwiegt auf dem Florzer-Füsseberger und dem Waldstollen-Kuhlenwalder Gangzuge in der mittleren Gangzone.

Dem Spatheisenstein ist das Mangan als Karbonat beigemengt, wogegen darin das Kupfer in vererztem Zustande, meist als fein eingesprengter Kupferkies, vorkommt. Zink in Form von Blende, fein eingesprengt oder in Nestern und dann zuweilen mit dem Eisenstein in mehreren dünnen, concentrischen Lagen wechselnd, welche dem Erz ein gebändertes Aussehen verleihen, findet sich hauptsächlich auf dem Florzer-Füsseberger Gangzuge; ebenso Blei als

Bleiglanz, welcher theils fein eingesprengt, theils in grösseren Nestern auf den Gängen der westlichen Gangzone auftritt.

Die chemische Zusammensetzung des Spatheisensteins ist derjenigen des von G. Bischof bezeichneten und analysirten Siegenschen Spatheisensteins analog. Danach hat in Prozenten

	kohlensaures Eisenoxydul	kohlensaures Manganoxydul	kohlensaure Magnesia	kohlensaurer Kalk	Eisenoxyd-hydrat
die weisse Sorte	77,23	15,27	6,55	—	—
„ gelblich graue Sorte	76,03	13,50	7,57	1,12	—
„ braune Sorte	73,84	12,95	4,20	0,82	7,27.

Spatheisenstein von der Grube Bollnbach bei Herdorf hatte in Prozenten 44,50 Eisenoxydul, 8,07 Manganoxydul, 1,76 Thonerde, 0,34 Kalkerde, 2,48 Magnesia, 32,50 Kohlensäure, 10,50 Gangart, 0,06 Schwefel, 0,05 Kupfer, und von der Grube Zufälligglück bei Herdorf aus 150 m Teufe unter der Thalsohle an dem einen Theile eines Erzstückes 34,9 Eisen und 5 Mangan nebst 15,5 Rückstand, an einem anderen Theile 37,88 Eisen, 6,92 Mangan und 2,35 Rückstand.

Schnabel's Analysen (in Wedding's Eisenhüttenkunde I S. 343) ergeben für den Spatheisenstein des Hollertszuger, Bollnbacher und Stahlerter Ganges bei Herdorf, welche in ihren ganzen Verhältnissen grosse Gleichartigkeit zeigen, in Prozenten Folgendes:

Eisenoxydul	46,97	48,86	50,37	48,91	50,91	49,41	50,56	46,68	48,79	48,07	48,83
Manganoxydul	7,56	8,19	8,30	8,66	9,04	9,52	9,67	9,87	9,66	10,40	10,80
Magnesia	2,22	2,34	2,15	1,94	0,80	0,94	1,16	3,91	1,25	2,21	1,41
Kalkerde	0,46	0,32	0,25	0,32	0,40	—	0,16	0,35	0,36	0,36	0,41
Kohlensäure	36,15	37,74	39,48	37,62	37,84	37,11	38,27	39,19	37,43	38,57	38,38
Gangart	5,74	2,55	0,45	1,54	1,01	3,02	0,08	—	2,51	0,33	0,17

Durch das Rösten des Spatheisensteins, was in kleinen, offenen Schachtöfen, seltener in frei liegenden Haufen geschieht, um durch Auflockerung das anhaftende taube Gestein (meist Quarz) leichter entfernen zu können und den Eisengehalt durch Entfernung der Kohlensäure anzureichern, entstehen Produkte mit folgender Zusammensetzung [1]):

Nr.	Eisen %	Mangan %	Rückstand %	Glühverlust %	Schwefel %	Kupfer %	Wasser %
			I. Grube Rosengarten.				
1.	50,81	10,20	8,80	1,00	—	—	—
2.	51,44	9,80	6,40	2,40	0,19 (Nr. 2 u. 3)	0,17 (Nr. 2 u. 3)	—
3.	52,68	9,80	4,90	1,00			
4.	52,22	9,80	5,00	3,00	—	—	—
5.	49,92	10,66	6,80	4,00	—	—	—

1) Nach den im Laboratorium der Gute Hoffnungshütte zu Oberhausen von dem Chemiker Glebsattel zu Mülheim a. d. Ruhr ausgeführten Analysen.

Nr.	Eisen %	Mangan %	Rückstand %	Glühverlust %	Schwefel %	Kupfer %	Wasser %
			II. Grube Kuhlenwalderzug.				
1.	50,62	10,40	6,40	4,00	—	—	11,00
2.	45,87	9,15	16,20	2,20	—	—	11,00
3.	49,07	9,54	11,60	2,20	—	—	12,00
			III. Grube Einigkeit.				
1.	45,96	8,36	17,40	1,60	0,37	0,13	—
2.	49,18	7,13	12,00	—	—	0,16	—
			IV. Grube Apfelbaum.				
1.	45,15	9,08	—	—	—	—	—
			V. Grube Hollertszug.				
1.	48,80	9,80	—	—	—	0,14	—
			VI. Vereinigte Wilhelmine und Hymensgarten.				
1.	46,09	10,30	14,60	0,60	—	—	9,5
2.	47,46	10,53	12,30	1,60	—	—	11,0
3.	50,06	10,53	8,55	1,00	—	—	10,0
			VII. Grube Steinseifer Vereinigung.				
1.	47,65	10,00	14,40	2,40	—	—	13,50
2.	50,21	10,32	6,60	0,60	—	—	13,50
			VIII. Grube Waldstollen.				
1.	49,25	10,80	8,00	1,80	0,76	0,37	—

Der nächst dem Spatheisenstein am meisten verbreitete Brauneisenstein, welcher wie jener wohl auf keinem Erzgange des Reviers fehlt und bis gegen Ende des vorigen Jahrhunderts von den mit nur schwachen Gebläsen ausgerüsteten Hochöfen, als der leicht schmelzbarste unter den drei Eisenerzarten, fast ausschliesslich neben einem geringen Zuschlage von Spatheisenstein benutzt werden konnte, ist gegenwärtig auf den betriebenen Gruben bereits merklich im Abnehmen begriffen; seine Produktion kann nur noch bis auf etwa den dritten Theil derjenigen des Spatheisensteins gebracht werden.

Die Gänge, auf welchen Brauneisenstein hauptsächlich gewonnen wird, liegen in der mittleren Gangzone und sind besonders der Hollerter, Bollnbach-Stahlberger, Ohliger und Bindweider Gangzug, auf welch' letzterem derselbe mit Rotheisenstein fast zu gleichen Theilen gefördert wird. Unter den Brauneisenerzen kommt der braune Glaskopf am häufigsten vor, ist aber in der Regel von erdigem Brauneisenstein und kugeligem, traubigem oder nierenförmigem Lepidokrokit mit schuppig faseriger Textur und roströthlichbrauner Farbe, seltener auch von Göthit in dünnen Täfelchen und Büscheln begleitet. Der Letztere findet sich besonders auf den vorgenannten Brauneisensteingängen und zwar namentlich als Ueberzug der Drusenräume. Auf diesen, wie auf manchen anderen Gängen bildet der Brauneisenstein häufig grosse, schöne Stalaktiten von mannigfacher Gestaltung.

Die Zusammensetzung des Brauneisenerzes ergab sich für die Erze des Bollnbacher Ganges nach drei von der Verwaltung der Grube Bollnbach veranlassten Analysen in Prozenten zu

11,74	5,00	9,96	Kieselsäure
1,42	6,03		Thonerde
66,86 (46,82 Eisen)	51,99	51,82	Eisenoxyd
6,81 (4,76 Mangan)	5,42	3,14	Manganoxyd
0,56	0,73	—	Kalkerde
0,54	—	—	Magnesia
0,06	0,034	0,06	Phosphor
0,05	0,08	—	Schwefel
0,11	Spur	—	Kupfer.

Lepidokrokit bestand nach Brandes (Karsten's Eisenhüttenkunde II, 38) aus Eisenoxydhydrat 88,00 %, Manganoxydhydrat 0,50 %, Wasser, chemisch gebunden 10,75 %, Rückstand (Sand) 0,50 %. Durchschnittlich hat der Lepidokrokit 64 % Eisen.

Der Rotheisenstein, welcher unter den drei Eisenerzarten der Menge nach zurücktritt und in der Gegend südlich vom Daadenthale am meisten verbreitet ist, wo er sich häufig mit dem Brauneisenstein in ungefähr gleicher Menge findet, besteht meistens aus Eisenglanz. In dieser Varietät findet er sich gewöhnlich derb und körnig, selten in den häufig vorkommenden Drusen neben wasserhellen Quarzkrystallen krystallisirt und dann nur in sehr kleinen rhomboëdrischen Täfelchen, zuweilen als Eisenglimmer oder Rahm. Rother Glaskopf und dichter Rotheisenstein kommt ebenfalls, aber nicht häufig, vor.

Von den Rotheisensteingängen südlich des Daadenthales enthalten ganz besonders der Bindweider Gangzug, ferner die Gänge der Gruben Grundstein und Krämer am Steineberge, sowie die Gänge der Grube Rother Löwe und Neue Concordia bei Kausen den Eisenglanz in grosser Ausdehnung und Mächtigkeit (bis zu 14 m auf der Grube Bindweide). Die von Erzen der Grube Bindweide seitens der Grubenverwaltung veranlassten Analysen ergaben in Prozenten folgende Resultate: für Eisenglanz 60,220 Eisen, 0,011 Phosphor, 0,084 Kupfer, 11,140 Rückstand; und für ein aus Roth- und Brauneisenstein zusammengesetztes Erzstück 77,56 Eisenoxyd (mit 54,29 Eisen), 3,79 Manganoxyd (2,60 Mangan), 0,14 Thonerde, 1,10 kohlensaure Kalkerde, 0,71 Magnesia, 0,07 Kupfer, 0,02 Schwefel, 0,053 Phosphor, 2,26 Wasser, 12,75 Rückstand.

Von den drei Eisenerzarten, welche in der mittleren Gangzone am meisten und reinsten auftreten, fand sich von Tage aus auf den Gängen abwärts fast nur Braun- und Rotheisenstein, und zwar ersterer weit überwiegend gegen letzteren im Gebiete nördlich der Daade, dagegen in ungefähr gleicher Menge mit diesem und gewöhnlich innig verwachsen im Gebiete südlich der Daade. Der Bergbau, welcher in dem nördlichen Gebiete älter und daher schon in grössere Tiefe vorgedrungen ist, als im südlichen Gebiete, hat dort den Uebergang beider Erze in Spatheisenstein überall nachgewiesen und gezeigt, dass letzterer bei 200 bis 250 m Teufe unter Tage gewöhnlich vorherrschte. In dem südlichen Gebiete ist bei der geringeren Tiefe des dortigen Bergbaues dieser Uebergang bisher erst stellenweise bekannt geworden.

Die nächst dem Eisenerze und dem dasselbe fast überall begleitenden Kupfererze am meisten verbreiteten Zink- und Bleierze finden sich fast nur als schwarze oder braune Zinkblende, bezw. als Bleiglanz; selten kommt das Carbonat von Blei, noch seltener dasjenige von Zink vor.

Durch das Auftreten von Zink- und Bleierze neben dem Kupferkies enthaltendem Eisenstein unterscheiden sich zwar die östliche und westliche Gangzone wesentlich von der mittleren, doch ist auch letztere von sporadischem Vorkommen jener Erze nicht ganz frei. Derartige Vorkommen finden sich namentlich in dem grossen Biersdorfer Gangzuge, so dass dieser Gangzug, welcher dicht an der Grenze zwischen der mittleren und östlichen Gangzone liegt, einen Uebergang zu letzterer bildet.

Gewöhnlich treten die Zink- und Bleierze fein eingesprengt oder in Nestern in der Ausfüllungsmasse der Gänge, mag dieselbe vorwiegend aus Eisenstein oder quarzigem oder lettigem Gestein bestehen, zuweilen als lang fortlaufende Schnüre, selten als besondere Zonen auf; öfter ziehen sie sich in besonderen Trümmchen von dem Hauptgange ab. Ihre Mächtigkeit in diesen Ablagerungsformen beschränkt sich in der Regel auf einige Centimeter, steigt in den Zonen und Gangtrümmchen zuweilen bis zu 1 m, und Zinkblende findet sich in den Nestern stellenweise bis zu mehreren Metern mächtig.

Der Bleiglanz ist meistens nicht arm an Silber; der Gehalt schwankt zwischen 25 und 60 g in 100 kg Werkblei.

Von dem tauben Gestein der Gangmasse lassen sich Blende und Bleierze ziemlich leicht trennen, so dass hierdurch neben einem ansehnlichen Prozentsatze Stufferze ein Haufwerk von mittlerem Metallgehalt erzielt werden kann. Stellenweise bricht auf diesen Erzen auch Fahlerz und Nickelantimonglanz.

Die Kupfererze sind im Reviere im Allgemeinen als unliebsame Begleiter des Eisenerzes angesehen, da sie meistens wegen zu feiner Vertheilung sich nicht vollständig von demselben trennen lassen und die Kosten einer sorgfältigen Scheidung kaum decken. Am meisten tritt das Kupfererz im Spatheisenstein auf und zwar gewöhnlich als Kupferkies. Nicht selten finden sich auch in den Umwandlungsprodukten des Rotheisensteins die Oxyde und Carbonate, wie Rothkupfererz, Malachit, Lasur- und Buntkupfererz, selten aber gediegenes Kupfer in Form von Blech, Draht oder würfelförmigen Krystallen. Nach der Teufe zu macht sich auf den meisten Erzgängen eine schwache Abnahme der Kupfererze bemerkbar. Hierin liegt wohl zum Theil der Grund, dass der namentlich in der Mitte des vorigen Jahrhunderts auf die in den Eisenerzgängen auftretenden Kupfererze allein betriebene Bergbau, bei welchem der Eisenstein stehen gelassen wurde, schon vor Anfang unseres Jahrhunderts eingestellt worden ist. Einige solcher Gänge hatten stellenweise vorwiegend Kupfererze, namentlich diejenigen der bei Niederdreisbach unter Nr. 39 und bei Herdorf unter Nr. 67 der Karte aufgeführten Gruben.

Die bei dem Betriebe der Eisenerzgruben gewonnenen und durch Handscheidung erzielten Kupfererze enthalten nur 2 bis 12, durchschnittlich 7 Prozent Kupfer, und in dem Zeitraume von 1871 bis 1880 wurden nur 70 900 Ctr. solcher Kupfererze gegen 54 045 064 Ctr. Eisenerze (0,13 Prozent) gewonnen.

Die Kobalterze, von welchen namentlich Speis- und Glanzkobalt, selten Kobaltblüthe vorkommt, setzen auf Quarzgängen auf. Nesterweise, aber sehr sporadisch, finden sie sich auch auf den übrigen Erzgängen. Sie sind zur Bereitung der Smalte wegen des Fehlens nachtheiliger Beimischungen sehr geeignet und wurden daher auch gewonnen, so lange für Smalte lohnende Preise erzielt werden konnten. Seit etwa vierzig Jahren sind aber die auf Kobalterze verliehenen Gruben eingestellt, da gegenüber den gesunkenen Preisen der Smalte, wozu die Erze sich nur verwenden lassen, und bei ihrem verhältnissmässig geringen Gehalte ein Ertrag nicht mehr erzielt werden konnte, zumal die Gewinnungskosten in Folge der Festigkeit der Gangart zu hoch ausfielen. Speiskobalt von der Grube Laura II bei Alsdorf ergab nach einer Analyse des Dr. Schwarz in Siegen in Prozenten Kobalt = 10,70, Arsenik + Schwefel = 16,65 (letzterer c. 2 %), Eisen = 5,50, Nickel = 2,35, Kieselsäure = 62,80.

Nickelerz ist noch seltener als Kobalterz und kommt als Nickelantimonglanz in kleinen Nestern auf Gängen der westlichen Gangzone (Gruben Bergblume, Louise, Wüstseifen, Fischbacherwerk) und im Nickelwismuthglanz, Nickelocker und als Haarkies auf der Grube Grüneau bei Schutzbach vor. Auf letzterer Grube finden sich diese Nickelerze zusammen in einer aus Spatheisenstein, Kupferkies und Schwefelkies bestehenden Gangmasse von 0,5 bis 2 m Mächtigkeit, theils in derben Partieen, theils als einzelne Krystalle, worunter nach H. Laspeyres[1]) auch der Polydymit und Beyrichit sich befinden.

Nach zwei Analysen von Dr. Schnabel[2]) aus dem Jahre 1849 enthält das Nickelwismutherz der Grube Grüneau, welches er als ein Gemisch verschiedener Schwefelmetalle, grösstentheils aber als Nickelwismuthglanz ansieht, in Prozenten

	Nr. I.	Nr. II.
Nickel	20,29	19,90
Kobalt	10,35	10,25
Wismuth	9,66	9,09
Eisen	5,11	5,29

1) Verhandl. des naturh. Vereins der preuss. Rheinlande u. Westfalens, Jahrg. 34 (1877), S. 29.

2) Revierakten, betr. Berechtigung und Betrieb der Grube Grüneau.

Kupfer	10,68	10,10
Blei	6,55	3,81
Schwefel	29,46	28,91
Bergart	7,90	14,84

Die Manganerze sind nächst den Eisenerzen, welche sämmtlich Mangan enthalten, die im Reviere am meisten verbreiteten Erze. Der Gehalt an Mangan beträgt im Spath- und Brauneisenstein 5 bis 12 %, im Rotheisenstein 2 bis 4 %, woraus bei der Annahme, dass letzterer aus Spatheisenstein entstanden ist, folgt, dass dieser entweder schon arm an Mangan gewesen ist oder dass, was wahrscheinlicher, bei der Umwandlung des Spatheisensteins eine Fortführung von Mangan stattgefunden hat. Als Folge dieser Umwandlung ging das Mangancarbonat entweder in Braunit über oder verwandelte sich in Manganit, Hausmannit, Pyrolosit oder Psilomelan und Wad, welches letztere in Form feiner Schuppen den Hausmannit häufig überzieht.

Alle diese Manganerze finden sich mit den Braun- oder Rotheisenerzen auf den Eisenerzgruben des Reviers und sind mit den an Menge weit vorherrschenden Eisenerzen in der Regel so innig verwachsen, dass ihre Ausscheidung nirgends vorgenommen wird, zumal das Eisenerz durch den Mangangehalt an Werth gewinnt. Am häufigsten kommen sie vor bei der zu der mittleren oder der Hauptgangzone gehörigen Gruppe der Gruben zwischen Sieg und Heller (vergl. den folgenden Abschnitt) und auf der Grube Ohligerzug südlich der Heller.

Am meisten verbreitet ist Hausmannit, besonders als Ueberzug des Brauneisensteins, aber auch in grösseren derben Stücken, die zuweilen mit Pyrolosit bedeckt sind. Selten findet sich Manganspath; er kam in c. 1 cm langen Skalenoedern auf der Grube Ohligerzug bei Biersdorf mit braunem Glaskopf vor.

V. Verbreitung und Beschaffenheit der nutzbaren Minerallagerstätten.

A. Dem Berggesetze unterworfene Mineralien.

1. Braunkohle.

Das Vorkommen von Braunkohle veranlasste zum Bergbau:

a. Auf der Grube Adolphsburg (55) am Steins- oder Stegskopfe bei Emmerzhausen in einem 2 m mächtigen, in der Mitte durch einen 0,2 bis 0,5 m mächtigen Basalttuff getrennten Flötze, welches in einer sehr flachen, von Nordwest nach Südost gerichteten Mulde auf festem Basalt aufgelagert und von Basalt mehrfach durchsetzt ist. Die Mulde wurde der Länge nach mit einem Stollen von Nordnordwest her gelöst und jeder Flügel derselben bis auf das Niveau des Stollens abgebaut. Ein tieferes Niedergehen erschien nicht lohnend.

b. An der Westseite von Nisterberg an der sogen. Kapelle in einem angeblich 1 bis 2 m mächtigen Flötze, auf welches ein Versuchsstollen getrieben, aber wegen zu starken Gebirgsdruckes wieder eingestellt worden sein soll. Unbauwürdige Braunkohlenablagerungen (50, 52 u. 54) treten in der Nähe auf.

c. Auf der Grube Habsburg bei Nauroth im Nauberg (46 u. 47) in einem 0,4 m mächtigen Flötze, auf welches ein Stollen getrieben wurde, der aber, als er dasselbe wegen zu flacher Lagerung nicht traf, eingestellt wurde, da der weitere Betrieb nicht lohnend erschien.

2. Erze.

Nach der geographischen Verbreitung der Erze lassen sich deren Lagerstätten in folgende Gruppen bringen:

Mittlere oder Haupt-Gangzone.

Das Gangnetz des Reviers gehört dieser Zone zum bei weitem grössten Theile und namentlich mit den wichtigsten Gangzügen an. In dem Gerippe des Gangnetzes dieser Zone tritt zunächst am meisten die fast die Mitte des Reviers durchschneidende und südlich von der Sieg über die Scheitel der Gebirgsrücken sich hinziehende Linie von Hauptgängen hervor, welche in der Gegend des Druidensteins beginnt, zuerst ostwärts fortläuft, dann im Gebirge Windhahn bei allmählig nordöstlicher Biegung sich verzweigt und in einem südöstlichen Zweige über Dermbach hinaus bis zur östlichen Reviergrenze, dann aber ausserhalb dieser und ihr entlang nach Eiserfeld hin in einem nordwestlichen Zweige bis in den Gebirgsrücken Eichert zu verfolgen ist. Diese Hauptganglinie beginnt mit dem Hollerter Gangzuge (89), von dem sich nordwestlich der Waldstollen-Kuhlenwalder Gangzug (88, 87, 86) abtrennt, wogegen südöstlich der erstgenannte Gangzug noch bis Dermbach fortsetzt. Dort reiht sich eine Gruppe kleinerer Gänge (83, 84, 85) an und vermittelt die Fortsetzung nach den in den benachbarten Revieren Burbach und Siegen I auftretenden Gängen. Ohne einen nachweisbaren direkten Zusammenhang muss doch der an der Reviergrenze im letztgenannten Reviere liegende grosse Eisenzecher Gangzug als zu der Hauptganggruppe von Dermbach-Eiserfeld gehörig angesehen werden.

Vom westlichen Endpunkte bis zur Verzweigung hat diese Hauptganglinie innerhalb des Reviers eine Länge von 2000 m, bis zum Endpunkte des nordwestlichen Zweiges aber eine Länge von 4000 m, wogegen sie in dem südöstlichen Zweige in dem bis zur Gegend südlich von Eiserfeld verfolgten Eisenzecher Gangzuge noch nicht einmal ihr nordöstliches Ende erreicht, sondern in den nordöstlich von dieser Ortschaft auftretenden Gängen, die sich mit einem ziemlich entsprechenden Streichen anschliessen, noch fortsetzt.

Zu beiden Seiten dieser Hauptganglinie setzen in deren nächsten Nachbarschaft in sehr grosser Zahl kleinere Gänge und Gangtrümmchen auf. Dieselben bilden zum Theil wieder Züge, unter welchen durch ihre Ausdehnung hauptsächlich hervortreten: die parallel dem Hollerter Gangzuge liegenden Gruppen, nämlich südlich der Bollnbach-Stahlberger Gangzug (77) und nördlich der Gang der Gruben Saturn und Venus (114), sowie die quer zum Streichen dieser Gangzüge gerichteten Gänge der Grube Stahlert (78) und der 1 km östlicher gelegenen Gruben Guldenhardt, Kux und Grenze (82), endlich die dem Waldstollen-Kuhlenwalder Gangzuge annähernd parallelen Gänge der Grube Concordia (85) südlich und der Gruben Zeche, Ecke und Apfelbaum (118), sowie der Grube Grundseifen (119) nördlich von jenem Gangzuge.

Eine zweite wichtige Hauptganglinie findet sich südlich von der ersteren und nähert sich in ihrer Richtung dem östlichen Theile derselben. Diese bildet zwischen Herdorf und Biersdorf den Biersdorfer oder Florzer-Füsseberger Gangzug (65, 68), der ebenfalls auf beiden Seiten von einer grossen Anzahl von Nebengängen und Gangtrümmchen umgeben ist. Derselbe hat von der Gegend südlich von Biersdorf, in welche er sich verläuft, bis zur Grube San Fernando am Westabhange des Mahlscheider Kopfes im Sottersbachthale eine Länge von 2200 m, ist bis dahin mit Grubenbetrieb verfolgt, setzt aber, wie durch Schürfarbeiten nachgewiesen ist, bis in die Gegend des Hellerthales auf eine Gesammtlänge von 4000 m fort.

In etwas weiterer Entfernung von dieser Hauptganglinie legen sich auf deren Westseite, quer zu dem Streichen derselben und parallel dem Bollnbach-Stahlberger Gangzuge, der Gangzug der Grube Ohligerzug (70), sowie der südliche Gangzug der Gruben Glaskopf und Salome (62), derjenige der Grube Reuschenberg (63) und der Krainer Gangzug (58, 59, 60) an.

Wenn in dem bisher betrachteten mittleren Theile des Reviers sich die Richtungen des Streichens der Ganglinien wesentlich von Westen nach Osten und von Südwest nach Nordost geltend machen, so herrscht bei den Gängen in dem südwestlichen und nordöstlichen Theile des Reviers das Streichen von Südost nach Nordwest vor. In dieser Richtung folgen den zuletzt betrachteten Gangzügen zunächst südlich und westlich die Züge kleinerer Gänge zwischen Niederdreisbach, Grünebach (38, 36, 30, 29) und Schutzbach (37, 35, 33, 32), dann diejenigen zwischen Elkenroth, Kausen und Elben, endlich die grossen Gangzüge um den Steineberg zwischen Kotzenroth und Steinebach, unter welchen durch ihre Ausdehnung und Mächtigkeit die je 1000 m langen Gänge der Grube Bindweide und der auf ihrer Fortsetzung liegenden

Gruben (9), sowie der Grube Steineberg (3) nördlich und der noch etwas längere, wenn auch nicht so mächtige Gang der Gruben Heinrichsverbindung, Alter Alexander und Eintracht südlich vom Steineberge besonders erwähnenswerth sind.

Im Nordosten des Reviers liegen die Gänge am Knorrenberg (121, 122, 123). Unter diesen ist der an Ausdehnung und Mächtigkeit bedeutendste der Gang der Gruben Rosengarten und Vorschlag, welcher wahrscheinlich nach einem Verwurf im Gange der Grube Rosenzweig noch seine Fortsetzung findet.

Zergliedert man das Netz der Hauptgruppen, so lassen sich dessen Theile übersichtlich zunächst in geographisch begrenzten Bezirken und innerhalb dieser wieder in Gruppen betrachten, deren Glieder in der Gangausfüllungsmasse eine genetische Zusammengehörigkeit zeigen, wie dies die nachfolgenden Erläuterungen ergeben.

a. Die Erzgänge zwischen Heller und Sieg.

Unter diesen Erzgängen tritt zunächst eine Gruppe von bedeutenden Gangzügen hervor, die einen innigen genetischen Zusammenhang zu haben scheinen. Der bedeutendste ist hiervon der Hollerter Gangzug (89), dem sich in paralleler Richtung der Grösse nach anreihen: der Bollnbach-Stahlberger Gangzug (77) südlich oder im Hangenden, und der Gangzug der Gruben Venus, Florentine, Alter Lombigswald nördlich oder im Liegenden (114), von denen die beiden letzteren mit der Grube Zeche konsolidirt sind.

In der nächsten Umgebung dieser Gangzüge und namentlich zwischen denselben tritt noch eine grosse Anzahl kleinerer, meistens sehr unbedeutender Gänge auf, die ebenfalls noch zu dieser Gruppe zu rechnen sind.

Es gehören hierher von denjenigen, welche zwischen dem Hollerter und dem Bollnbach-Stahlberger Gangzuge liegen, zunächst in einer jenen Zügen parallelen Reihe die unter 90, 91, 110 und 112 aufgeführten Gänge, in einer zweiten parallelen Reihe die unter 80, 81, 92, 108 und 109 genannten Gänge, dann die Gruppe unter 78 am östlichen und die Gruppe unter 76 am westlichen Ende des Letzteren der beiden Gangzüge, dagegen von denjenigen, die am Liegenden des Hollerter Gangzuges sich befinden, die unter 87, 88, 111, 113 und 114 angegebenen Gänge.

Diese grosse Gruppe von Gangzügen und Gängen ist ausser durch den Parallelismus der Lagerstätten im Streichen und Einfallen auch durch eine ganz gleichartige Beschaffenheit der Gangausfüllungsmasse charakterisirt. Dieselbe besteht von Tage aus aus einem manganreichen, von Kupfergehalt fast freien, meistens in Glaskopfform, auch häufig als Lepidokrokit vorkommenden Brauneisenstein edelster Beschaffenheit, in welchem sich stellenweise auch Partieen von Eisenglanz vorfinden. Der nach der Tiefe zu an Stelle dieser Erze tretende Spatheisenstein wird bei 200 bis 250 m unter Tage vorherrschend und ist ebenfalls manganreich sowie sehr kupferarm, daher ein kaum weniger gesuchtes Eisenerz. Die krystallinische Blätterstruktur desselben steht in der Mitte zwischen der grob- und feinblätterigen, seine Farbe ist meistens weisslich grau.

Der Hollerter Gangzug, dessen westlichster Aufschluss im Gebirge Hundskopf 600 m weit östlich von dem Druidenstein beginnt und mit den schwachen Gangtrümmern, die sich in diesem Zwischenraume befinden und auch noch westlich von jenem Basaltberge fortsetzen, zusammenzuhängen scheint, zieht sich weiter durch das Gebirge Windhahn in das Gebirge Schweinskopf nördlich von Dermbach auf 2200 m Länge, wovon die Hälfte aus sehr bauwürdigen Erzmitteln besteht, in einem Hauptgange fort, dessen Streichen aus Stunde 7 allmählich in Stunde 5, dem Schichtenstreichen sich nähernd, übergeht und südwärts mit 45° in der westlichen und durchschnittlich 60° in der östlichen Hälfte einfällt.

Der Bergbau auf diesem Gangzuge — wahrscheinlich der älteste in der Grafschaft Sayn-Altenkirchen, s. Cramer unter Nr. 4 des literarischen Anhangs — gelangte schon früh zur Blüthe. Durch Konsolidation sehr alter Feldesverleihungen entstanden, liegen jetzt auf dem Gangzuge die Gruben Hollertszug mit 1200 m, Oberster Pferdestall mit 200 m, Unterster Pferdestall mit 200 m und Schweinskopf mit 200 m streichender Länge. In denselben hat man den Gangzug seiner ganzen Länge nach von Osten her durch zwei Stollen aufgeschlossen, von welchen der Friedrichsstollen 140 m Teufe unter Tage einbringt und der Hollerter Erbstollen (auch Hüttengewerker Stollen genannt) 40 m darunter folgt. Ausserdem ist der Gangzug in den beiden ersteren Gruben von Süden her 76 m unter dem Hollerter Erbstollen durch den tiefen Königsstollen zum Aufschluss gelangt, der den Hauptgang ungefähr in seiner Mitte angefahren hat.

In den Sohlen dieser Stollen haben die bauwürdigen Erzmittel folgende Ausdehnung:

	in dem Friedrich-stollen		in dem Hütten-gewerker Stollen		im tiefen Königs-stollen	
	lang m	mächtig m	lang m	mächtig m	lang m	mächtig m
Offhäuser Mittel	200	2,0	70	1,5		
Hühnerhordter "	100	4,0	120	2,0	60	1,0
Althollerter "	120	2,0	160	2,0	100	1,0
Jung hollerter "	120	2,0	100	1,5	rauh u. taub	
Mittelberger "	80	2,0	70	1,0	70	1,5
Eueler "	100	3,0	180	3,0	160	3,0
Denselben reihen sich an						
Oberster Pferdestall	160	2,0	110	2,0	180	3,0
Unterster Pferdestall	80	0,8	50	0,7	noch nicht aufgeschlossen.	
Schweinskopf	60	2,0	40	2		

Hiernach ist in dem östlichen Theile des Gangzuges ein Einschieben des Eisensteins nach Osten bemerkbar, welches in der Sohle des Tiefen Königsstollens ganz besonders der Grube Oberster Pferdestall zu Gute kommt, dagegen für die Grube Hollertszug nur das Eueler Mittel bauwürdig und das Mittelberger Mittel schon unbauwürdig macht.

Im westlichen Theile des Gangzuges haben die Erzmittel Junge Hollert, Alte Hollert und Hühnerhord nach unten zu wesentlich an Länge und Mächtigkeit eingebüsst, die beiden ersteren in der Sohle des tiefen Königsstollens sich sogar nur noch als Bestege gezeigt. Nur das Offhäuser Mittel ist von Tage aus bis zu diesem Stollen sehr bauwürdig geblieben.

An beiden Kopfenden geht der Hauptgang in einen meist quarzigen oder lettigen Besteg über.

Auf beiden Seiten des Tiefen Königsstollens zweigt sich von dem Hauptgange ein Gangtrumm in das Liegende ab; das eine Trumm ist im Offhäuser Felde, das andere im Felde von Oberster Pferdestall auf eine nicht unbedeutende Länge bauwürdig.

Der Brauneisenstein des Hollerter Gangzuges ist bis zur Sohle des Hollerter Erbstollens bereits grösstentheils in Spatheisenstein übergegangen. In der Sohle des Tiefen Königsstollens steht ostwärts von demselben mit sehr geringen Ausnahmen nur noch Spatheisenstein an, dagegen hat sich westlich von demselben der Brauneisenstein noch vorwiegend behauptet.

Kupfererz zeigt sich im Eisenstein vorherrschend in dem östlichen Theile des Gangzuges, jedoch so unbedeutend, dass eine Ausscheidung desselben bisher nur auf den Gruben Unterster Pferdestall und Schweinskopf stattgefunden hat, wo nesterweise auch Kobalterze vorgekommen sein sollen.

Unter den Gangtrümmchen der Gruben 110, 111 und 112, welche in der Fortsetzung des Hollerter Gangzuges liegen, hat nur die Grube Ente einige Bedeutung.

Wie westwärts, so scheint auch ostwärts der Hollerter Zug über das Grubenfeld Schweinskopf hinaus, in welchem der Hauptgang nach Vereinigung mit dem östlichen, liegenden Gangtrumm an der östlichen Markscheide unbauwürdig und dort gerade auch durch eine Thalschlucht abgeschnitten wird, als Besteg sich noch fortzuziehen. Schürfversuche haben jenseits der Thalschlucht einen Quarzbesteg nachgewiesen. Die ungefähr in seinem Fortstreichen liegenden Gangtrümmer in der Richtung nach dem Kunsterthal (Nr. 83, 84 und 85) vermitteln in kaum bauwürdiger Beschaffenheit nur den Uebergang zu den benachbarten wichtigeren Gängen im oberen Kunsterthal und zu dem Eisenzecher Zuge, welcher nahe der Gruppe 85 im Reviere beginnt, vom Ostende des Kuhlenwalder Zuges kaum 1 km entfernt bleibt und, ihm parallel streichend, noch 2 km nordostwärts im benachbarten Reviere Siegen I fortsetzt.

Die Gruben auf dem Hollerter Gangzuge förderten im Jahre 1880

428 224 Ctr. Spatheisenstein und 187 690 Ctr. Brauneisenstein, im Ganzen 615 914 Ctr. Eisenstein und 129 Ctr. Kupfererze.

Von den Gangtrümmchen im Hangenden des Hollerter Gangzuges sind früher einige zeitweise in Betrieb gewesen; der Betrieb konnte indess bei der geringen Länge und Mächtigkeit der bauwürdigen Mittel nicht zu einer andauernden Regelmässigkeit gelangen. Am längsten sind die Gruben Eisenzeche und Greisenhardt (92) sowie Osemund (89), wenn auch nur schwach, betrieben worden.

Der im Hangenden des Hollerter Gangzuges folgende Bollnbach-Stahlberger Gangzug besteht aus dem Hauptgange der Grube Bollnbach (dem Bollnbacher Gange), der südlich mit 70° einfällt, und aus dem ihm parallelen, aber mit 60° entgegengesetzt einfallenden Stahlberger Gange, welche sich wahrscheinlich bei c. 600 m Tiefe schaaren werden. Er durchzieht die Gebirgsdistrikte Bollnbach und Stahlertskopf von Westen nach Osten und zeigt eine aufgeschlossene Länge von 550 m, lässt sich aber 1200 bis 1400 m lang verfolgen, wenn man die in seiner Längenerstreckung liegenden Nebentrümmer als Fortsetzungen berücksichtigt.

Auf dem Hauptgange liegt die konsolidirte Grube Bollnbach, wogegen der Parallelgang von Westen nach Osten erst von der Grube Tiefe Bollnbach, dann auf 200 m Länge von der Grube Bollnbach und weiterhin im Osten mit seinen dortigen abzweigenden Gangtrümmern Carl-August-Gang und Carl-August-Nebengang von der Grube Stahlert bebaut wird.

Die Grube Bollnbach hat ebenfalls schon ein hohes Alter, welches über eine noch vorhandene Verleihungsurkunde vom Jahre 1746 weit hinausreichen dürfte. Der Hauptgang ist auf 520 m Länge durch mehrere Stollen bekannt, wovon der tiefste ungefähr 100 m Teufe unter Tage einbringt und im Hellerthale bei Herdorf angesetzt ist. Unter demselben folgen Tiefbausohlen in 35, 56, 87 und 120 m weiterer Teufe. Schon in den Stollen besass der Gang ausgedehnte Erzmittel von grosser Mächtigkeit, ist aber nach der Teufe zu noch mächtiger und regelmässiger. Die Mächtigkeit beträgt meistens 2 bis 5 m, geht aber häufig über 10 m, zuweilen sogar über 15 m hinaus, und zwar an den Stellen, wo Trümmer, in welche der Gang durch das Einschieben von Nebengesteinsmassen zertheilt wurde, sich wieder vereinigen. Die bauwürdigen Erzmittel desselben ergeben sich aus der Tabelle auf der folgenden Seite.

Die Erze schieben westwärts, die Klüfte, welche die Erzmittel trennen, fallen südostwärts ein. Letztere sind zwar zahlreich, verwerfen aber die Erzmittel meistens nur wenig, häufig nicht einmal um den Betrag ihrer Mächtigkeit gegen einander.

Besonders erwähnenswerth ist die auf eine grosse Ausdehnung und Mächtigkeit erfolgte Zersetzung des Nebengesteins im Liegenden des Hauptganges in weichen Letten, die sich noch tief unter die 120 m-Sohle zu erstrecken scheint und dem Abbau des Ganges Schwierigkeiten bereitet.

	tiefe Stollensohle		1. Tiefbau- (35 m)sohle		2. Tiefbau- (56 m)sohle		3. Tiefbau- (87 m)sohle		4. Tiefbau- (120 m)sohle	
	lang m	mächtig m	lang m	mächtig m	lang m	mächtig m	lang m	mächtig m	lang m	mächtig m
Bollnbacher Hauptgang. Oestliches Mittel	37	1,5 bis 4	40	1 bis 3,5	16	1 bis 2	29	0,8 bis 2,5	25,5	1 bis 5,5
I. Mittel mit hangendem Trumm	?	bis zu 18 m	105	7 bis 15	100	1 bis 13	86	2 bis 7	75	2 bis 12
II. Mittel	?	8,5	40	2 bis 7	38	2 bis 4,5	49	4 bis 8,5	69 (II. und III. Mittel)	3 bis 9 (II. und III. Mittel)
III. Mittel	73	3 bis 6	73	1,5 bis 7,5	76	2 bis 4	70	3 bis 7		
IV. Mittel	31	2	38	1 bis 5	78	1 bis 5,5	96	2 bis 14	Noch nicht überfahren.	
Rothezecher Mittel	38	1 bis 2	Noch nicht aufgeschlossen.							

Der Stahlberger Gang, von dem Hauptgange in der Sohle des tiefsten, beiden gemeinsamen Stollens 120 m entfernt, ist in diesem Niveau c. 400 m lang, unter diesem aber nur auf einem kurzen Stücke bis zu 40 m Tiefe in der Grube Tiefe Bollnbach aufgeschlossen. Er hat meistens eine Mächtigkeit von 0,5 bis 1 m und eine sehr quarzige Gangmasse, die nur an wenigen Stellen bauwürdige Eisensteinmittel führt. Aehnlich verhält es sich mit den im Osten sich abzweigenden Gängen.

Von den weiteren, im Hangenden des Hollerter Gangzuges gelegenen Gängen ist nächst dem Bollnbacher Gange der Stahlerter Gang der bedeutendste. Dieser Letztere, der nur der Grube Stahlert angehört und ebenfalls einen nach Jahrhunderten zählenden Bergbau hat, legt sich dem Bollnbach-Stahlberger Gangzuge an dessen Ostende quer von Süden nach Norden vor und fällt demselben westwärts mit 60 bis 70° zu. Mit dem Nordende biegt sich der Gang in Form eines Hakens fast rechtwinklig gegen Westnordwest um, eine Abnormität, welche nach der Tiefe zu verschwinden scheint. Der Gang ist in einer regelmässig aushaltenden, meist 4 bis 5 m betragenden, stellenweise bis auf das Doppelte steigenden Mächtigkeit aufgeschlossen, verliert aber nach der Tiefe an Länge, indem in dieser Richtung die Erzmittel unter allmählicher Zuspitzung der sie trennenden Klüfte nicht nur näher aneinander rücken, sondern sich auch verkürzen, so dass der Gang, der in der tiefsten Stollensohle, im Thale der Heller, 200 m lang war, schon in der fünften Tiefbausohle bis auf 150 m Länge abgenommen hat, was durch die nach unten zunehmende Mächtigkeit und Reinheit der Erze etwas aufgewogen wird. Am südlichen Ende ist der Gang zwar dicht vor der Heller durch eine Kluft bei 1,5 m reiner Erzmächtigkeit abgeschnitten und, weil man die Flusswasser in die Grube zu ziehen fürchtet, südwärts nicht weiter verfolgt worden, sein südliches Fortsetzen ist indess wahrscheinlich.

Von den Gangtrümmern, die in grosser Zahl den Bollnbacher und den Stahlerter Gang umgeben, scheinen sich mit letzterem mehrere zu vereinigen. Ein regelmässiger Abbau hat sich nur auf dem den Gruben Hirz & Fuss und Stahlertskopf gemeinsamen, mit dem Nordende des Stahlerter Ganges parallel fallenden und streichenden Gangtrumm von 80 m bauwürdiger Länge und 1 bis 2 m Mächtigkeit und dem auf 40 m Länge bauwürdigen Gangtrumm der Grube Christine mit 0,5 bis 1,5 m Mächtigkeit durchführen lassen.

Südwestlich vom Stahlberger Gange ist der Gang der Grube Neuesglück (76) noch von einiger Bedeutung. Derselbe streicht von Südost nach Nordwest, bildet drei, zusammen 150 m lange Eisensteinmittel von 0,5 bis 1,5 m Mächtigkeit und wurde bereits über einer im Hellerthale ausgehenden tiefen Stollensohle abgebaut, sowie darunter in 45 und 72 m folgenden Tiefbausohlen verfolgt; dann wurde aber der Betrieb wegen der ungünstigen Konjunkturen und der zu hohen Tiefbaukosten ganz eingestellt.

In etwa 1 km östlicher Entfernung von dem Bollnbach-Stahlberger und dem Stahlerter Gangzuge schliesst sich beiden gemäss der Verwandtschaft der Ausfüllungsmasse die Ganggruppe (82) im Gebirge Goldene Hardt an, innerhalb welcher namentlich auf dem Guldenhardter Gangzuge lange Zeit hindurch ein nicht unbedeutender Bergbau umging. Auf seinem Streichen von Südost nach Nordwest liegen in dieser Richtung der Reihe nach die Gruben Guldenhardt, Kux und Grenze. Derselbe war besonders im vorigen Jahrhundert stark in Betrieb, da sein Eisenstein, meistens ein äusserst grobspangeliger, manganreicher und von Kupferkies fast ganz freier Spatheisenstein, sehr gesucht war, bei grosser Mächtigkeit sich auch leicht gewinnen liess, und der Besitzer der damals darauf verliehenen Gruben das die Produktion unbeschränkt lassende Privilegium vor allen übrigen Gruben der Grafschaft genoss, den Eisenstein über deren Grenzen hinaus auszuführen. Der 400 m lange Gangzug wurde durch verschiedene Stollen, von welchen der tiefste im Dermbacher Thale ausmündet und 100 m Teufe unter Tage einbringt, und in neuester Zeit noch durch zwei Tiefbausohlen in 50 und 100 m weiterer Tiefe aufgeschlossen. Gleich unter Tage aus mehreren Trümmern bestehend, zieht sich der Gangzug nach der Tiefe zu unter gleichzeitiger Abnahme der Mächtigkeit, die an den besten Stellen mehrere Meter betrug, zu einem Hauptgange zusammen. Zugleich beginnen die stockförmig erscheinenden Eisenerzmittel desselben sich durch Zunahme von taubem Gestein in der Gangmasse zu zersplittern. Der Gangzug ist daher schon in der ersten Tiefbausohle grösstentheils, in der zweiten gänzlich unbauwürdig und aus diesem Grunde tiefer nicht verfolgt worden.

Der im Liegenden des Hollerter Zuges zu dessen Gruppe gehörige bedeutendste Gangzug, welcher die Gruben Saturn, Venus (114) und einige mit der Grube Zeche konsolidirte, im Gebirgsdistrikte Lombigswald gelegene Gruben durchsetzt, ist in der Grube Saturn, wo er mit dem Gangzuge Waldstolln-Kuhlenwald zusammenzuhängen scheint, bei c. 1 m Mächtigkeit früher nur stellenweise wegen seiner rauhen Beschaffenheit in Bau gewesen, erreicht aber in der Grube Venus eine durchschnittliche Mächtigkeit von 2 bis 3 m, welche zuweilen bis über 5 m steigt. Derselbe ist bereits durch mehrere Stollen in Bau genommen, von welchen der tiefste, der sogen. Girnbacher Stollen, 200 m Teufe unter Tage einbringt. In dieser Stollensohle hat der Gang, der sich bisher in der nächst höheren Sohle in vier Erzmitteln von zusammen 208 m Länge und 1 bis 4 m Mächtigkeit am vortheilhaftesten aufschloss und wie von Tage aus noch immer Eisenglanz und Brauneisenstein führte, an bauwürdiger Länge bis auf 170 m abgenommen; sein Eisenerz ist aber im östlichen Theile schon in sehr grobspangeligen, reinen und manganreichen Spatheisenstein umgewandelt. Die Grube Venus förderte 1878 160 352 Ctr. Eisenstein.

In der Fortsetzung im Gebirge Lombigswald ist der Gangzug noch wenig aufgeschlossen und scheint nur auf kurze Strecken bauwürdig zu sein. Der Girnbacher Stollen wird dahin fortgesetzt und hat bereits im Felde von Florentine ein 1 m mächtiges schönes Spatheisensteinmittel erschlossen.

Zwischen dem letzteren und dem Hollerter Gangzuge ist noch erwähnenswerth der 200 m im Hangenden von diesem auftretende Gang, der im östlichen Theile parallel beiden Zügen geht und von der mit der Grube Zeche konsolidirten Grube Römer, weiter westwärts aber von der Grube Vereinigte Caroline gebaut wird. Derselbe streicht von Osten nach Westen, ist auf 450 m Länge verfolgt und nimmt von Osten, wo er 1 bis 2 m mächtig ist, nach Westen zu an Bauwürdigkeit ab. Er ist bereits mit mehreren Stollen, darunter am tiefsten mit dem 100 m Teufe unter Tage einbringenden Weider Stollen abgebaut, wird aber jetzt durch den tiefen Zecher Stollen gelöst werden.

Westlich legt sich ihm im Felde von Vereinigte Caroline ein Gang vor, welcher wahrscheinlich in der Grube Vereinigtes Wilhelmsglück seine Fortsetzung findet. Von diesen Gruben hat zur Zeit nur die letztere, welche durch die beiden tiefsten Stollen der Grube Wernsberg bei Brachbach gelöst wird, vorwiegende Bedeutung. Ihre Produktion betrug im Jahre 1880 46 440 Ctr. Eisenstein. Die Grube Wernsberg baut auf einem von Südwest nach Nordost auf 300 m Länge sich anlegenden Gange von 0,5 bis 1,5 m Mächtigkeit, welcher jedoch nur 100 m lang bauwürdig ist. Der tiefste Stollen derselben liegt 100 m über dem Siegthale. Ihre Produktion betrug im Jahre 1880 58 750 Ctr. Eisenstein.

Am nächsten der Gruppe des Hollerter Gangzuges und der gleichartigen Gänge stehen durch ihre Ausfüllungsmasse die Gänge der Gruben Apfelbaum, Ecke und Zeche (Spezialgrube der konsolidirten gleichnamigen Grube). Sie gehören wahrscheinlich zu einem Gangzuge, der in drei nach jenen Gruben zu bezeichnenden, von Südost nach Nordwest auf einander folgenden Abtheilungen, welche gegen einander verworfen erscheinen, zerfällt. Dieser Gangzug, welcher von Ost nach West streicht, besteht im Wesentlichen aus zwei Gängen, die sich durch das Nichtvorhandensein schädlicher Beimengungen und durch einen sehr reichen, bis zu 12 Prozent steigenden Mangangehalt, sowie durch sehr grossblätterige Struktur des Spatheisensteins auszeichnen. Beide sind durch mehrere Stollen aufgeschlossen, von welchen der tiefste für die Gruben Apfelbaum und Ecke mit je einem Flügelorte 150 bezw. 110 m Teufe unter Tage einbringen. Unter dem tiefsten Stollen sind auf der Grube Ecke eine 20 m-Tiefbausohle und auf der Grube Zeche bereits drei Tiefbausohlen bis zu 100 m Tiefe angelegt.

Der Gangzug, welcher in seinen Theilen auf Zeche 230 m, auf Ecke 250 m, auf Apfelbaum 320 m, zusammen 800 m Länge hat, wurde auf beiden Gängen auf der ersteren Grube so unbauwürdig, dass man die tiefere Verfolgung aufgab. Auf der Grube Ecke, wo der östliche, mit 35 bis 45° einfallende Gang der Hauptgang, der andere, mit 60° westwärts einfallende Gang der Hansmichel-Gang heisst, hat ersterer 200 m, letzterer 50 m bauwürdige Länge, welche sich im Hauptgange auf sechs Erzmittel von 1 bis 4 m Mächtigkeit vertheilt. Von diesen sind die bedeutendsten die beiden nördlichsten Mittel (das I. und II. obere Ecker Mittel), von welchen das letztere bei 60 m Länge durch Einschluss einer 20 m mächtigen, Eisenerze führenden Nebengesteinswand auf 24 m Gesammtmächtigkeit anwächst. Der Hansmichel-Gang ist bei wenig edler Beschaffenheit nur 1 bis 2 m mächtig.

Auf der Grube Apfelbaum haben sich beide Gänge von Tage aus bis zur tiefen Stollensohle hinsichtlich der Mächtigkeit und Reinheit der Eisenerze verbessert. Der östliche Gang ist hier in der Richtung von der Grube Ecke aus wahrscheinlich zunächst durch den Birnbaum-Gang vertreten und findet in dem von diesem getrennten Apfelbaumer Hauptgange, dessen Zusammenhang mit jenem noch nicht ganz aufgedeckt ist, vermuthlich seine Fortsetzung. In dem tiefen Stollen ist der Birnbaum-Gang nur in kurzen Mitteln bauwürdig und 0,5 bis 1 m mächtig, dagegen der Hauptgang in einer ununterbrochenen geradlinigen Ausdehnung von 110 m durchweg mit 2 bis 3 m Mächtigkeit sehr bauwürdig.

Der westliche Gang auf der Grube Apfelbaum führt zunächst den Namen Kirschbaum und scheint im Fuchszecher Gange fortzusetzen, der sich ihm in mehreren Verzweigungen nach kurzer Unterbrechung durch eine Kluft südwärts anschliesst. Der Kirschbaum-Gang zerfällt in drei 48 bezw. 60 und 60 m lange, 2 bis 4 m mächtige Erzmittel, von welchen das südlichste sich an den Fuchszecher Gang anlehnt, der in seinen zusammen 60 m langen Mitteln eine Mächtigkeit von 2 bis 5 m erreicht.

Die Gruben Ecke und Apfelbaum, bei welchen von Tage aus ebenfalls Brauneisenstein vorherrschend war, haben schon im tiefen Stollen fast nur noch Spatheisenstein.

Die Maximalförderung betrug auf der Grube Zeche im Jahre 1873 156 500 Ctr. Spatheisenstein, auf den Gruben Apfelbaum und Ecke im Jahre 1880 49 860 Ctr. Brauneisenstein und 136 260 Ctr. Spatheisenstein.

Etwas abweichend in der Gangmasse von den bisher zwischen der Sieg und Heller betrachteten Gängen erscheint die hauptsächlich durch den Waldstolln-Kuhlenwalder Gangzug (88, 87, 86) bezeichnete Ganggruppe, da ihrem Eisenstein im Allgemeinen mehr Kupfererze, als auf jenen Gängen der Fall ist, beibrechen und ein geringerer Mangangehalt beizuwohnen pflegt, auch der Uebergang des Spatheisensteins in Brauneisenstein schon näher unter Tage liegt. Der Gangzug beginnt südlich im Gebirge Windhahn zwischen dem Hollerter Zuge und dem Gangzuge der Gruben Saturn und Venus und zieht sich durch die Gebirge Waldstolln und Kuhlenwald in die Gegend zwischen Brachbach und Eiserfeld 2400 m lang fort. Er besteht aus einem meistens fast seiger einfallenden Hauptgange mit verschiedenen, theils von diesem abzweigenden, theils ihm parallelen Nebentrümmern und verliert sich allmählig als Besteg im Nebengestein.

Die auf diesem Gangzuge verliehenen Gruben sind: Rosa mit 200 m der Länge desselben, Steinseifer Vereinigung mit 220 m, Waldstolln mit 210 m, Neptun mit 90 m, Wasserquelle (konsolidirt mit Kuhlenwalderzug) mit 160 m, Langgrube mit 210 m, Kuhlenwalderzug mit 430 m, Vereinigter Findling mit 320 m und Breimehl mit 560 m.

In der Grube Rosa noch ein unbauwürdiger Besteg, entwickelt sich der Hauptgang in der Grube Steinseifer Vereinigung schon zu einigen bauwürdigen Mitteln von 30 m Länge und 0,5 bis 2 m Mächtigkeit und theilt sich kurz vor Eintritt in das Feld der Grube Waldstolln in zwei Haupttrümmer, welche sich kurz vor der nordöstlichen Markscheide dieser Grube wieder vereinigen und durch Quertrümmer verbunden sind. Die beiden letzteren Gruben sind durch mehrere Stollen aufgeschlossen, von welchen der tiefste ein Flügelort des beim Hollerter Gangzuge erwähnten Hollerter Erbstollens ist und 160 m Teufe einbringt.

Auf der Grube Steinseifer Vereinigung heisst der Hauptgang Steinseifer Gang und behält hinter der Gabelung im südlichen Trumm diesen Namen auch in der folgenden Grube bei, wogegen das nördlichste Trumm den Namen Waldstollner Gang führt. Beide Trümmer divergiren schnell bis auf 50 m Entfernung und streichen dann 260 m lang ziemlich parallel bis zur allmählichen Wiedervereinigung. In der Nähe des westlichen Gabelungspunktes zweigt sich von dem Steinseifer Gange der Schlimmer Gang südostwärts ab, welcher mit 50° südlich einfällt und 200 m lang aufgeschlossen, aber nur etwa 150 m lang mit durchschnittlich 1 Meter Mächtigkeit bauwürdig ist. Die beiden Paralleltrümmer des Hauptganges, welche sich sammt den sie verbindenden Quertrümmern nach der Tiefe zu allmählich ebenfalls wieder vereinigen werden, haben wie auch diese meistens mehrere Meter Mächtigkeit, die aber nordwärts allmählich abnimmt, so dass sie noch vor der Wiedervereinigung im Streichen unbauwürdig werden.

Zwischen der Grube Waldstolln und der Grube Wasserquelle ist der Hauptgang auf c. 410 m noch nicht aufgeschlossen, dagegen in den drei folgenden Gruben durch mehrere Stollen gelöst, von denen der tiefste schon 250 m Teufe unter Tage einbringt. Unter diesem Stollen sind erst Tiefbausohlen auf der Langgrube bei 32 und 62 m, auf Wasserquelle bei 22, 50 und 80 m weiterer Tiefe etablirt.

Zwischen den Gruben Wasserquelle und Langgrube verwirft eine sehr bedeutende, 13 m mächtige, südwärts steil einfallende, diagonale Kluft den Gang 22 m in's Hangende. Das bauwürdige, in der obersten Bausohle 100 m lange Erzmittel von Wasserquelle wird dadurch im Norden nach der Tiefe zu mehr und mehr verkürzt und keilt sich wahrscheinlich schon in den beiden nächsten Tiefbausohlen ganz aus, weil es südlich an Länge nicht gewinnt.

Auch auf der Langgrube hat der Hauptgang nur 1 Erzmittel. Dasselbe beginnt in der tiefsten Stollensohle 40 m nördlich von der Kluft, nimmt schnell auf 4 bis 6 m Mächtigkeit zu, hält in dieser 100 m lang aus und nimmt dann, nachdem es noch von einer 10 m langen, tauben Partie diagonal durchsetzt ist, wieder bis auf einen Besteg ab. Von dem Erzmittel der Langgrube aus ist der Hauptgang 300 m in das nordöstliche Feld der Grube Kuhlenwalderzug hinein, mit Ausnahme zweier kurzer, nur bis nahe unter Tage reichender Erzmittel von 12 und 16 m Länge, taub und nimmt sodann wieder bis zu 5 m Mächtigkeit auf 50 m Länge zu, um sich hierauf allmählich bis auf einen Besteg zu verschwächen. Im Ganzen nimmt derselbe auf dieser Grube in seiner bauwürdigen, im tiefsten Stollen 160 m betragenden Länge von Tage aus zu. Durch dieses Erzmittel setzt der oben S. 19 erwähnte Basaltgang, der sich auch in oberer Teufe auf einem 50 m im Liegenden des Hauptganges befindlichen Paralleltrumm gezeigt haben soll.

Zur tieferen Lösung der Grube Kuhlenwalderzug, 66 m unter ihrem jetzigen tiefsten Stollen, wird ein Flügelort von dem tiefen Stollen der Grube Ecke bei Brachbach herangeholt.

In den Gruben Vereinigter Findling und Breimehl ist der Hauptgang mit zwei gemeinsamen Stollen aufgeschlossen, von welchen der tiefste 30 m Teufe über dem tiefsten gemeinsamen Stollen der vorigen beiden Gruben und 120 m unter Tage einbringt. Auf der Grube Vereinigter Findling, wo sich der Hauptgang in zwei Erzmitteln von 20 und 70 m Länge mit 1 bis 2 m Mächtigkeit bauwürdig unter den tiefsten Stollensohlen zeigt, wird noch eine 60 m tiefere Lösung von dem oberen Stollen der Grube Apfelbaum bei Brachbach vorbereitet, wogegen auf der Grube Breimehl das Erzmittel, welches bis auf 120 m Länge über der tiefen Stollensohle, namentlich nahe unter Tage bei 0,5 bis 0,7 m Mächtigkeit einige Bauwürdigkeit hatte, dieselbe bis zu dieser Sohle ganz verliert, was die Einstellung des Betriebes zur Folge hatte.

Nach Vorstehendem hat der Hauptgang von seiner 2400 m betragenden Gesammtlänge nur 600 bis 650 m bauwürdige Länge. Das Eisenerz desselben war von Tage aus nur Brauneisenstein mit Nestern von Eisenglanz. Der nach unten zu allmählich an deren Stelle tretende Spatheisenstein wurde schon bei 100 m Tiefe unter Tage vorherrschend. In den jetzigen tiefsten Stollensohlen der Gruben findet sich fast nur noch Spatheisenstein. Sein Gehalt an Kupferkies ist etwas stärker, als auf dem Hollerter Zuge, nimmt auf der Grube Kuhlenwalderzug ostwärts sehr zu und ist am grössten auf der Grube Vereinigter Findling, wo sich neben dem Kupferkies noch andere Kupfererze finden und der Eisenstein den reichsten, bis über 2 Prozent steigenden Kupfergehalt im Reviere hat. Häufig kommt hier das Kupfererz nur auf einer bestimmten schmäleren Zone des Ganges vor, während in der übrigen Gangmächtigkeit der Eisenstein beinahe frei davon ist.

Von den Nebentrümmern des Gangzuges waren in der südlichen Hälfte stellenweise etwas bauwürdig nur die Gänge Capito und Handbeilstiel, die sich im Grubenfelde Steinseifer Vereinigung abzweigen, dann der schon genannte Gang Schlimmerzeche im Grubenfelde Waldstolln und südlich davon der Gang der Grube Erzseifen. In der nördlichen Hälfte finden sich nur wenige Nebentrümmer. Erwähnenswerth ist das östlich des Hauptganges in 38 m Entfernung demselben parallel streichende Trumm innerhalb der Grube Kuhlenwalderzug, welches auf 40 m Länge 1 bis 1,5 m bauwürdige Mächtigkeit hat.

Die Gruben des Waldstolln-Kuhlenwalder Gangzuges produzirten im Jahre 1880 zusammen 582 752 Ctr. Spatheisenstein, 67 664 Ctr. Brauneisenstein und 523 Ctr. Kupfererz.

Besonders gross ist die Zahl der Gangtrümmchen, welche sich zwischen dem vorstehend beschriebenen und dem Hollerter Gangzuge finden und namentlich den von demselben gebildeten spitzen Winkel bei Dermbach ausfüllen. Dieselben (90 der Gangkarte) haben aber wegen Mangels an Bauwürdigkeit nirgends zu einem regelmässigen Betriebe geführt.

Unter den übrigen Gängen dieser durch den Waldstolln-Kuhlenwalder Gangzug besonders charakterisirten Ganggruppe sind nur von einiger Bedeutung der Gang der Grube Concordia (85) im Gebirge Salz südlich und der Gang der Grube Grundseifen (119) im Gebirge Schustert nördlich vom Ostende jenes grossen Gangzuges. Der Gang von Concordia ist durch zwei noch offene Stollen, von welchen der tiefste 100 m Teufe unter Tage einbringt und im Thale eines von Norden her dem Dermbacher Thale zufliessenden Seifens ausmündet, sowie durch zwei in 21 und 37 m weiterer Teufe gefasste Tiefbausohlen 100 m lang, von Norden nach Süden streichend, mit fast seigerem Einfallen aufgeschlossen worden. Durch Hauptklüfte erscheint der Gang im Allgemeinen in zwei Eisensteinmittel von 1 bis 2,5 m Mächtigkeit zerlegt, die reich an Kupfererzen sind und nach der Tiefe zu freier von Störungen werden. Ueber den Stollensohlen führt der Gang vorherrschend Brauneisenstein, in der zweiten Tiefbausohle fast nur noch Spatheisenstein.

Die Grube hatte ihre grösste Produktion von 99 604 Ctr. Spatheisenstein, 8 070 Ctr. Brauneisenstein und 2 393 Ctr. Kupfererz im Jahre 1875 und ist seitdem in Ausrichtungsarbeiten für tiefere Bausohlen begriffen.

Der Gang der Grube Grundseifen, von Nordost nach Südwest streichend und mit 70 bis 80° östlich einfallend, ist auf 260 m Länge durch einen 40 m Teufe einbringenden Stollen und drei darunter in 16, 50 und 80 m folgende Tiefbausohlen mit zwei Erzmitteln aufgeschlossen, welche eine mit 20° südöstlich geneigte, sehr mächtige Kluft trennt und welche kleinere Deckelklüfte durchsetzen. Ueber dem Stollen besteht der Gang von Tage her aus Brauneisenstein, geht aber allmählig bis zum Stollen vorherrschend in Spatheisenstein über. Nach der weiteren Tiefe nimmt die Vermischung desselben mit taubem Gestein, unter gleichzeitiger Verwachsung mit dem Nebengestein zu, so dass die Erzmittel stellenweise mehr und mehr unbauwürdig werden.

b. Die Erzgänge nördlich der Sieg.

Von diesen Erzgängen hat nur die Ganggruppe am Knorrenberg Bedeutung, deren ausgedehntester Gang die Gruben Rosengarten und Vorschlag von Ostsüdost nach Westnordwest durchsetzt. Derselbe fällt mit 70° südöstlich ein und ist 320 m lang mit Stollen, deren tiefster, der Charlotten-Erbstollen, 100 m Teufe unter Tage einbringt, und mit drei in 40, 68 und 98 m folgenden Tiefbausohlen in einer bauwürdigen Länge bis zu 140 m verfolgt worden. Beide Gruben förderten im Jahre 1880 228 200 Ctr. Spatheisenstein ohne wesentlichen Gehalt an Kupfererz.

Weniger bedeutend ist das Gangtrumm der Grube Rosenzweig, das 0,4 bis 2 m mächtig ist, in Stunde $8^1/_2$ streicht und im Jahre 1880 eine Spatheisensteinförderung von 19 684 Ctr. ergab. Noch unbedeutender sind die Gänge der Grube Strackezeche und der Grube Knorrenberg, die wie jene ebenfalls durch den Charlotten-Erbstollen gelöst werden, unter welchem Rosenzweig noch Tiefbau in 30 und 60 m Tiefe hat. Die Gänge dieser Gruben scheinen sich nach der Tiefe zu ebenfalls in ihrer Ausfüllungsmasse zu verringern, ausgenommen bis jetzt der Gang von Rosenzweig.

c. Die Erzgänge zwischen Heller und Daade.

In diesem Gebiete bildet die mächtigste Ganggruppe der mit einer grossen Anzahl von Gruben belegte Herdorf-Biersdorfer Gangzug (64, 65), welcher nach den wichtigsten dieser Gruben, Florz (konsolidirt mit der Grube Friedrich Wilhelm) und Füsseberg, die Bezeichnung „Florzer-Füsseberger Gangzug“ erhalten hat. Demselben lassen sich noch mehrere Gangtrümmer (62, 63, 66) anschliessen. Er ist vor Allem charakteristisch dadurch, dass dem Eisenstein sporadisch Zinkblende beigemengt ist, wodurch schon ein Uebergang zur östlichen Gangzone angedeutet wird. Auch ist seiner Gruppe eigenthümlich, dass der Eisenstein schon von Tage aus, wenige Stellen ausgenommen, aus Spatheisenstein besteht, dessen Kupfergehalt nur wenig geringer ist, als derjenige des Waldstolln-Kuhlenwalder Gangzuges.

Der Florzer-Füsseberger Gangzug beginnt nördlich bereits im Hellerthale am Nordabhange des Mahlscheider Berges, zieht dann in südlicher Richtung durch dessen Westabhang hindurch, kreuzt das Sottersbacher Thal, zieht quer durch die Hachenberger Höhe in das Daadenthal und setzt noch jenseits desselben eine Strecke lang fort. An den Abhängen dieser Thäler zeigt derselbe sein Ausgehendes und ist mit einer sehr grossen Zahl von Gangtrümmchen umgeben. Von diesem südlichen Ende an ist der Gangzug auf c. 2600 m Länge in den unter 65 bezeichneten Bergwerken im Betrieb, seine weitere nördliche Fortsetzung beträgt aber noch 1600 m, seine Gesammtlänge also c. 4 km, wodurch er jeden anderen Gangzug des grossen Gangnetzes des rheinischen Schiefergebirges übertrifft. Im nördlichen Theile, in der Grube San Fernando zuerst bauwürdig, entwickelt sich der Gangzug ganz besonders zu grosser Mächtigkeit in seinem mittleren Theile zwischen dem Sottersbach und der Daade, nimmt südlicher aber wieder an Mächtigkeit ab. Er gehört von Süden nach Norden den Gruben San Fernando mit 220 m Länge, Zufälligglück und Centrum mit je 200 m, Friedrich Wilhelm mit 440 m, Einigkeit mit 230 m, Füsseberg mit 900 m, Anna mit 150 m, Salome und Neuer Glaskopf mit 260 m, demnach allen diesen Gruben mit c. 2600 m Länge.

Der Gangzug ist durch mehrere Stollen, von welchen die längsten und tiefsten der im Daadenthale angesetzte Füsseberger Erbstollen mit 200 m Maximaltiefe unter Tage und der im Sottersbacher Thale angesetzte, 20 m höher gelegene Florzer Erbstollen sind und die mit Ausnahme weniger Stellen von Braun- und Rotheisenstein, schon ganz im Spatheisenstein stehen, sowie durch mehrere Tiefbausohlen, von welchen die tiefste auf der Grube Zufälligglück nur 107 m über dem Meere und bereits 186 m unter dem tiefsten Stollen liegt, aufgeschlossen worden. Hierbei hat sich gefunden, dass die Erze im Allgemeinen südwärts einschieben und die Klüfte, welche in einseitiger Richtung in grosser Zahl den Gangzug zerstückeln, fast sämmtlich südwärts einfallen und die Gangstücke nach dem Hangenden zu, also westwärts verwerfen.

Der nördliche Theil des Gangzuges beginnt im Grubenfelde San Fernando an der Westseite des Mahlscheider Kopfes und zwar mit drei Gängen, welche im Allgemeinen von Norden nach Süden streichen und mit 70 bis 80° gegen Westen einfallen. Der Hauptgang setzt mit 0,5 m Mächtigkeit, aber sehr quarzhaltig, in Stunde 12 auf, wird allmählich mächtiger und edler, hat in der Mitte 2 m Mächtigkeit und wächst bis zu 4 und 5 m im südlichen Mittel an, welches südlich durch eine Hauptkluft von 10 m Mächtigkeit abgeschnitten wird. Im Ganzen erreicht der Gang bis zu dieser Kluft 88 m Länge. Südwestwärts in Stunde 5 schleppt sich von ihm aus längs der Hauptkluft noch ein Trumm 42 m lang fort, welches allmählich bauwürdig wird und auf 10 m Länge sogar 2 bis 4 m Mächtigkeit hat, aber sich schliesslich dicht an der Hauptkluft auskeilt; ein kurzes, 1 m mächtiges Trümmchen setzt vom südlichen Mittel des Hauptganges in's Liegende und wird ebenfalls von der Hauptkluft abgeschnitten. Ungefähr 20 m im Hangenden des Hauptganges und ihm ziemlich parallel liegt der Mahlscheiderseifen Gang, der jedoch kaum 0,5 m Mächtigkeit erreicht, von Quarz sehr durchdrungen und daher unbauwürdig ist. Er erreicht bis zu der ihn abschneidenden Hauptkluft 120 m Länge, wird im südlichsten Theile etwas in's Hangende geworfen und heisst hier Ziegenbergshöher Gang.

Die Gänge der Grube sind durch vier Stollen, von welchen der tiefste 100 m Teufe einbringt und 285 m Meereshöhe hat, sowie durch einen 20 m unter diesem Stollen folgenden Tiefbau aufgeschlossen, wobei sich der Hauptgang immer mächtiger gestaltet hat.

Mit Ausnahme des San Fernandoganges, auf welchem ein Tiefbau 20 m unter dem tiefen Stollen bereits eröffnet wurde, sind die anderen Gänge bis jetzt nur über letzterem aufgeschlossen.

Die südlicheren Fortsetzungen des Gangzuges finden sich erst 200 m westwärts, jenseits der Hauptkluft in den Feldern der Gruben Centrum, Aufschluss, Zufälligglück und Neuehoffnung II am Nordostabhange des Sottersbacher Thales. In diesen Gruben beginnt der Gangzug unter Zunahme der Mächtigkeit eine grössere Regelmässigkeit zu zeigen, in welcher er auch in der sich anschliessenden Grube Friedrich Wilhelm im Gebirge Florz bis zu der darauf folgenden Grube Einigkeit fortsetzt.

Von den Längenfeldern Centrum, Aufschluss und Zufälligglück, welche von dem Geviertfelde Neue Hoffnung II umschlossen und mit diesem in gemeinsamen Bausohlen aufgeschlossen sind, zeigt sich besonders Zufälligglück in regelmässiger und grösster Entwickelung. Dieses Feld enthält den Hauptgang in einer geraden Linie; im Liegenden folgt fast parallel das Gangtrumm von Aufschluss und der nach der Tiefe sich werthvoll entwickelnde Gang von Centrum, der 60 m vom Hauptgange entfernt in den anschliessenden Gruben nicht bekannt ist.

Bis zu dem Niveau des tiefsten Stollens der Gruben, welcher 1 m unter dem die folgende Grube Friedrich Wilhelm aufschliessenden Florzer Erbstollen liegt, sind die Gangmittel grösstentheils bei der Bildung des Sottersbacher Thales mit erodirt worden. Unter dem Stollen, unter welchem im Felde Zufälligglück sieben Tiefbausohlen in 20, 50, 75, 100, 126, 152 und 186 m Tiefe folgen (die drei ersten erstrecken sich auf Aufschluss und Centrum), erscheint der Hauptgang bei fast seigerem Einfallen in zwei Theilen, einem nördlich und einem südlich vom Stollenmundloche gelegenen Mittel. Dieselben nehmen nach der Tiefe an Länge und Mächtigkeit zu und gehen auf diese Weise bis zur sechsten Tiefbausohle in eine ununterbrochene Spatheisensteinlagerstätte von 180 m Länge über, welche im Norden auf 150 m Länge 2 bis 3 m, im Süden auf 32 m Länge 6 bis 10 m Mächtigkeit hat. Wie in ihren Dimensionen, so hat die Gangmasse auch in der Qualität nach der Tiefe gewonnen, indem die Quarz- und Kupferkies-Einlagerungen sich etwas verringern und die Struktur des Spatheisensteins stellenweise grobspangelig wird.

Auch das Eisenerzmittel auf der Grube Centrum zeigt sich unter dem Stollen in zunehmender Bauwürdigkeit und ist jetzt in der 160 m Tiefbausohle bereits 50 m lang mit 2 bis 3 m mächtigem, sehr edlem Eisenstein und zwar theils mit Spatheisenstein, theils mit glaskopfartigem Brauneisenstein und Eisenglanz aufgeschlossen.

Was den Hauptgang in seiner Entwickelung über der sechsten Tiefbausohle betrifft, so hatte in der ersten Tiefbausohle, über welcher sich derselbe aus mehreren von Tage ausgehenden Trümmern vereinigt, das südliche Mittel eine Länge von 80 m, das nördliche eine solche von 84 m; jenes ist 1,5 m mächtig, dieses hat gleich nach der Vereinigung aller Trümmer in der Mitte 15 m Mächtigkeit, die bis zu den Enden auf 6 m abnimmt. Die Grenze zwischen beiden Mitteln, eine Kluft, die südostwärts mit 50° einfällt, durchsetzt alle jetzigen Tiefbausohlen. Von beiden Mitteln nimmt das südliche, durch eine mit 80 bis 85° fallende Kluft dicht vor der südlichen Markscheide abgeschnittene Mittel nach der Tiefe mehr und mehr an Länge und Mächtigkeit ab und erscheint 126 m unter dem Stollen nur noch mit 32 m Länge und einer Mächtigkeit von 6 bis 8 m, wogegen sich das nördliche Mittel bis in jene Tiefe auf 130 m ausdehnt.

Auf der Grube Friedrich Wilhelm, deren Feld der Gangzug auf 450 m Länge durchzieht, konnte derselbe erst in der tiefen Stollensohle, der zwei Tiefbausohlen in 50 und 80 m folgen, ganz zum Aufschluss gelangen, da er über derselben durch die Erosion des Sottersbacher Thales verkürzt wird. Der Hauptgang hat sich hier von Tage aus nicht zertrümmert, wie auf der Grube Zufälligglück, sondern zeigt sich in einem einzigen Trumm. Nahe der südlichen Markscheide gegen die Grube Einigkeit zweigen sich zwei ostwärts streichende Trümmer, Gang Dreikönige und Gang Dreieck, ab. Da sie südwärts geneigt sind, so fällt letzterer schon in der tiefen Stollensohle, ersterer erst unter der ersten Tiefbausohle in das Feld der Grube Einigkeit. Der Hauptgang ist zwar durch sehr viele Klüfte durchsetzt; wegen des steilen Einfallens derselben werden aber nur wenige Störungen veranlasst. Nur durch eine mit 55° flach einfallende Hauptkluft wird eine erhebliche Lücke, und zwar von 40 m in der tiefen Stollensohle in den Zusammenhang des Ganges gebracht, der sich sonst durch Gleichmässigkeit im Streichen und in der Mächtigkeit auszeichnet. Nördlich von jener Hauptkluft werden das erste und zweite Florzer Mittel, südlich davon das dritte und vierte Florzer Mittel in der Zergliederung des Ganges durch die sonstigen Klüfte unterschieden. In den beiden ersten Mitteln betrug die durchschnittliche Mächtigkeit meistens 6 m, in den beiden letzten 3 m und in der ersten Tiefbausohle 3 bis 6 m.

In der Grube Einigkeit, welche in der tiefsten Bausohle durch den tiefen Friedrich Wilhelm (Florzer) Erbstollen in der ganzen Länge des Hauptganges aufgeschlossen ist, zeigt sich letzterer über dieser Sohle ebenfalls nach oben verzweigt, wie auf den vorher genannten Gruben. Noch mehr aber als auf diesen wird der Gang durch mehrere, in gewöhnlicher Weise streichende Klüfte in einzelne, nach dem Hangenden verworfene Theile zerlegt, von denen indess nur zwei bauwürdig sind, nämlich das an die Markscheide von Friedrich Wilhelm anschliessende sogen. Oberste Einigkeiter Mittel und das 150 m davon getrennte, 30 m lange, dritte Mittel von Untere Einigkeit, an welches die Grube Füsseberg anschliesst. Letzteres besteht aus drei, durch Gebirgskeile getrennten Trümmern. Mit diesen Gebirgskeilen zusammen repräsentirt der Gang eine Mächtigkeit von 45 m, ohne diese eine Erzmächtigkeit von 20 m. Das Oberste Einigkeiter Mittel spaltet sich unter dem Oberen Friedrich Wilhelm Stollen in zwei Zweige, von welchen der südliche 2 bis 3 m mächtig und auf 60 m Länge bauwürdig ist, der nördliche eine von den anderen divergirende Richtung gegen Südosten einschlägt und sich nach 40 m Länge auskeilt.

Das bei der Grube Friedrich Wilhelm erwähnte Gangtrumm Dreieck tritt bereits über dem tiefen Florzer Erbstollen in die Grube Einigkeit unter dem Namen Quergang ein und ist in letzterer Sohle bei einer von 3 bis 5 m zunehmenden Mächtigkeit bis jetzt 60 m lang bis zu einer Sprungkluft aufgeschlossen, die es bei dieser starken Mächtigkeit abschneidet, so dass es wahrscheinlich eine Fortsetzung hat und diese in dem sogen. zweiten und dritten Mittel von Untere Einigkeit besteht. Diese Mittel von 30 und 50 m Länge und 1 bis 3 m Mächtigkeit weichen zwar im Streichen von Dreieck ab, lassen sich aber sonst nicht wohl unterbringen.

In der auf der Emmelshardt am Nordabhange des Daadenthales gelegenen Grube Füsseberg bietet der Gangzug ein etwas zerrissenes Bild dar, weil die Seitenverschiebungen der durch vielfache Verwerfungsklüfte getrennten Gangstücke sehr bedeutend sind und bis 120 m (zwischen dem zweiten Füsseberger Mittel und dem ersten Glückshafener hangenden Mittel) betragen.

Der Hauptgang erscheint im Grubenfelde in sieben Theile auseinander gerissen. Zusammen haben dieselben eine Länge von 350 m, dehnen sich aber mit Einschluss der sie trennenden Gebirgstheile über eine Länge von 860 m aus.

Die Grube ist durch mehrere Stollen aufgeschlossen, von welchen jedoch erst der tiefste, der Füsseberger Erbstollen, den Gangzug in seiner Gesammtlänge aufschliessen konnte, da in den höheren Niveaus schon Theile desselben mit der Thalbildung erodirt worden sind. Die einzelnen Erzmittel sind über diesem tiefsten Stollen, von Nord nach Süd betrachtet, folgende:

1. und 2. Das zweite und erste Einigkeiter Mittel, welche nahe an einander gruppirt sind und die nächste Fortsetzung des Hauptganges über das Grubenfeld Einigkeit hinaus bilden. Dieselben sind 22 bezw. 40 m lang und durchschnittlich 4 m mächtig. Eine Kluft mit unbedeutender Seitenverschiebung trennt von dem zweiten Mittel nördlich noch einen Theil ab, so dass dann drei Mittel anzunehmen wären.

3. Das zweite Glückshafener liegende Mittel, 25 m lang und 1 m mächtig.

4. Das zweite Glückshafener hangende Mittel, 95 m lang und 1 m mächtig.

5. Das erste Glückshafener liegende Mittel, 180 m lang. Es besteht von Nord nach Süd aus einem 35 m langen, durchschnittlich 2 m mächtigen Theile, einem 70 m langen, tauben Theile, einem 35 m langen, 2 m mächtigen und einem 46 m langen, 2 bis 3 m mächtigen Theile, welch' letztere durch eine Kluft getrennt sind.

6. Das erste Glückshafener hangende Mittel, 152 m lang, welches sich mehrfach krümmt, noch bedeutendere Gebirgskeile als die übrigen Gangmittel einschliesst, sich am Südende dem ersten Glückshafener liegenden Mittel anschaart und meistens 3 m mächtig ist.

7. Das zweite Füsseberger Mittel, 85 m lang, 3 bis 6 m mächtig.

8. Das erste Füsseberger Mittel, 60 m lang, 2 bis 4 m mächtig.

Die grösste, im tiefsten Stollen ungefähr 200 m betragende Unterbrechung seiner Bauwürdigkeit erleidet der Gangzug zwischen der Gruppe Einigkeiter Mittel und dem zweiten Glückshafener liegenden Mittel. Die grösste Mächtigkeit und Regelmässigkeit findet sich auf dem zweiten Füsseberger Mittel, wo der Gang über dem tiefen Stollen stellenweise einschliesslich eines Bergkeils 20 m Mächtigkeit erreicht.

Im Grubenfelde Anna ist wegen dessen Lage in dem Thale des Daadenbaches der Gangzug noch nicht aufgeschlossen.

Im Grubenfelde Salome findet der Hauptgang des Gangzuges sein Ende unter dem Namen Vorsichtgang, welcher in Stunde 12 streicht, mit 70° gegen Westen einfällt und eine Länge von 160 m in dem tiefen Stollen der Grube Glaskopf, welcher mit dem tiefsten Füsseberger Stollen fast in gleichem Niveau liegt und zugleich für die Grube Salome die tiefste Stollensohle bildet, sowie in dem 46 m darunter liegenden Tiefbau erreicht. Es bildet der Gang drei Erzmittel, welche von dem Stollen nach dem Tiefbau mächtiger werden und in letzterem edlen Spatheisenstein von 1 bis 4 m Mächtigkeit führen.

Ungefähr 50 m im Hangenden des Vorsichtganges setzt das ihm parallele, 70 m in der tiefen Stollensohle verfolgte Gangtrumm der Grube Neuer Glaskopf mit 0,5 m Mächtigkeit auf, wahrscheinlich die Fortsetzung des Ganges der Gruben Glücksberg und Heinrichszeche. Derselbe befindet sich ungefähr in gleicher Lage und Entfernung (100 m im Hangenden) vom südlichen Theile des Hauptganges der Grube Füsseberg und hat sich bis zu 52 m unter Tage mit 1 bis 2 m edlem Eisenstein über dem Heinrichszecher und dem Glücksberger oberen Stollen bauwürdig gezeigt, ist dagegen in weiterer Tiefe weniger bauwürdig.

Auf dem Florzer-Füsseberger Gangzuge wurden im Jahre 1880 produzirt und zwar auf den Gruben San Fernando 27 500 Ctr., Centrum 98 520 Ctr., Zufälligglück 245 865 Ctr., Friedrich Wilhelm 759 500 Ctr., Einigkeit 178 480 Ctr., Füsseberg 302 340 Ctr. und Salome 171 700 Ctr., im Ganzen 1 783 900 Ctr. Eisenstein, darunter 184 060 Ctr. Brauneisenstein und Eisenglanz und 1 599 840 Ctr. Spatheisenstein.

Zu beiden Seiten des Gangzuges finden sich zahlreiche kleine Gänge und Nebentrümmer, von welchen ausser den bei der Beschreibung des Hauptganges erwähnten nur noch einige Bedeutung haben: der an seinem Nordende gelegene Gang der Grube Mahlscheid am Mahlscheider Kopf bei Herdorf (67), sowie die an seinem Südende sich anlegenden Gänge der Gruben Glaskopf, Aquila und Jacobine (letztere beide konsolidirt mit Salome) (62), Reuschenberg (63) und Krain (58).

Die aus dem westlichen Felde Alte Mahlscheid und dem östlichen Felde Neue Mahlscheid konsolidirte Grube Mahlscheid enthält einen von Westen nach Osten streichenden, mit 65 bis 75° südlich einfallenden, durch Klüfte sehr zertheilten Hauptgang von 0,5 bis 1 m Mächtigkeit mit quarziger Ausfüllungsmasse, in welcher die die Gangzone charakterisirenden Erze nesterweise vorkommen; nach dem Hangenden und Liegenden zweigten Trümmchen ab. Der Gang ist über 200 m lang mit einem oberen und einem tieferen Stollen aufgeschlossen und sowohl über diesen, als auch mit einem bis 43 m darunter geführten Gesenkbau in den edlen Mitteln, die zuweilen 0,7 m mächtig waren, abgebaut. In der neueren Zeit wird die Grube hauptsächlich auf Eisenstein über dem tiefen Stollen und durch zwei Gesenke betrieben und förderte im Jahre 1880 31 378 Ctr. Spatheisenstein.

Auf der Grube Glaskopf ist der Betrieb jetzt ebenfalls nur auf Eisenstein gerichtet. Ihr Gang setzt von Südost nach Nordwest auf und fällt mit 70° gegen Süden ein. Er ist auf 270 m Länge mit einer zwischen 0,5 und 4 m wechselnden Mächtigkeit mit zwei Stollen verfolgt worden, unter denen noch zwei Tiefbausohlen in 45 und 85 m Teufe folgen, wo sich jedoch eine erhebliche Abnahme der bauwürdigen Länge des Ganges bemerklich macht. Die Grube förderte im Jahre 1880 89 880 Ctr. Spatheisenstein.

Die Gruben Reuschenberg und Krain sind schon seit mehreren Jahren ausser Betrieb. Erstere hat einen 80 m lang von Nord nach Süd bogenförmig streichenden, östlich mit 85° einfallenden Gang, der in dem tiefsten Stollen der Grube Glaskopf, durch welchen er gelöst wurde, zwei Eisensteinmittel von 70 m bauwürdiger Länge und 0,5 bis 4 m Mächtigkeit besitzt.

Der Krainer Gangzug ist 300 m lang von Nordwest nach Südost mit Stollen verfolgt, aber meistens rauh und nur auf c. 100 m Länge mit 1 m durchschnittlicher Mächtigkeit bauwürdig gefunden worden. Ostwärts noch 200 m fortsetzende Pingenzüge scheinen dem Gangzuge anzugehören.

Der zweite bedeutendste Gangzug zwischen Heller und Daade ist der zur Grube Ohligerzug gehörende Ohliger Gangzug (70). Dieser und im Anschlusse daran alle übrigen in diesem Gebiete westlich vom Herdorf-Biersdorfer Gangzuge gelegenen Gänge (71, 72, 73, 74, 31, 32, 33 und 34) nähern sich in der Zusammensetzung ihrer Ausfüllungsmasse wieder mehr derjenigen des Hollerter Gangzuges. Der Brauneisenstein setzt in grössere Tiefe (bis 200 und 250 m) vorherrschend nieder, der Eisenstein ist arm an Kupfererz, dagegen reich an Mangan. Der Gangmasse des Hollerter und des Bollnbacher Gangzuges besonders gleichartig gestaltet, namentlich auch wegen der überwiegend glaskopfartigen Struktur des Brauneisensteins, ist diejenige des Ohliger Gangzuges, der in Stunde 7 streicht, jenen fast parallel ist und wie jene ein südliches, etwas flaches Einfallen von 50 bis 60° hat. Dieser am Südabhang des Gebirges Hachenberger Höhe gelegene Gangzug besteht aus einem Hauptgange von 680 m Länge und einem am Ostende sich abzweigenden und in der Mitte wieder anscharenden Nebengange, und ist durch mehrere Stollen, von welchen der tiefste, im Daadenthale angesetzte 260 m Tiefe einbringt, und durch die darunter in 22, 54 und 86 m folgenden Tiefbausohlen aufgeschlossen.

Der Hauptgang, in welchem die Erzmittel ostwärts einschieben, hat in der Mitte seine grösste, bis 9 m reichende Mächtigkeit, welche nach den Enden bis zu 1 m abnimmt. Klüfte durchsetzen ihn gewöhnlich von Nordost nach Südwest mit südöstlichem Einfallen, verschieben die Theile aber selten über den Umfang der Gangmächtigkeit hinaus, so dass der Gang eine bedeutende, ununterbrochen bauwürdige Ausdehnung hat, die, mit der Mächtigkeit von oben nach unten zunehmend, in der zweiten Tiefbausohle schon 240 m beträgt. Der liegende Gang ist nur östlich auf 60 m Länge bauwürdig und westwärts meist nur als Besteg vorhanden.

Auf dem Hauptgange unterscheidet man folgende, durch Klüfte getrennte und nach älteren Spezialgrubenfeldern benannte Erzmittel:

	Eisensteinmittel	Baseler Stollensohle 60 m unter Tage		Tiefe Stollensohle 160 m unter Tage		Erste Tiefbausohle		Zweite Tiefbausohle		Dritte Tiefbausohle	
		Länge m	Mächtigkeit m	Länge m	Mächtigkeit m	Länge m	Mächtigkeit m	Länge m	Mächtigkeit m	Länge m	Mächtigkeit m
Hauptgang	Meiersberg (nur Brauneisenstein)	nicht vorhanden		126	1 bis 2	116	1 bis 2	—	—	—	—
	Carius (nur Brauneisenstein)	nicht vorhanden		20	2 bis 4	20	1 bis 2	30	1 bis 2	—	—
	Ohligskaute (östlich Braun-, westlich Spatheisenstein)	120	2 bis 6	180	2 bis 6	220	2 bis 6	240	2 bis 6	bereits 100 m lang mit 2 bis 9 m Mächtigkeit überfahren.	
	Obliger Fortsetzung (vorwiegend Brauneisenstein)	60	1 bis 1,5	80	1 bis 2	liegt in der ersten Tiefbausohle theils in Verdrückung und ist grösstentheils dem Ohligskauter Mittel zugefallen.					
Liegender Gang	Vogelstränke (Brauneisenstein)	80	0,5 bis 1	80	0,5 bis 1	noch nicht aufgeschlossen.					
	Wasserberg (Brauneisenstein)	50	1 bis 2	60	0,5 bis 1	40	2 bis 3	—	—	—	—
	Alte Leyh (Brauneisenstein)	40	1 bis 2	40	1 bis 2	40	1 bis 3	180 (Alte Leyh and Baseler Mittel together)	0,5 bis 3 (Alte Leyh and Baseler Mittel together)	—	—
	Baseler Mittel (Brauneisenstein)	100	1 bis 4	60	1 bis 4	60	1 bis 4				

Die Grube Ohligerzug förderte im Jahre 1880 221 680 Ctr. Braun- und 321 252 Ctr. Spatheisenstein.

Von den dem Ohliger Gangzug anzuschliessenden Gängen sind besonders erwähnenswerth die Gänge der Grube Peterszeche und der damit konsolidirten Grube Hellmannskaute bei Sassenroth. Die auf Hellmannskaute vorkommenden drei Gangtheile, der Hellmannskauter, der Antonien- und der Ausdauer-Gang, gehören wahrscheinlich zu einem einzigen Gange. Der erste Theil streicht regelmässig 150 m lang von Südsüdost nach Nordnordwest, in dem Niveau des Hellerthales 1 bis 2,5 m mächtigen Spatheisenstein führend, wogegen der zweite und dritte Theil, nordwärts fortsetzend, durch Klüfte sehr zerstückelt und daher schon im letztgedachten Niveau kaum noch bauwürdig sind. Nach der Tiefe zu nimmt der Gang an Bauwürdigkeit noch mehr ab, weshalb der Betrieb nicht mehr lohnend ist und nur noch in Versuchsarbeiten besteht.

Der Peterszecher (Aengstebacher) Gangzug besteht aus einem von Süden nach Norden streichenden und über das Spezialfeld Peterszeche hinaus in die damit konsolidirten Einzelfelder Dreieinigkeit, Streimel und Minerva nordwestwärts umbiegenden, gegen Westen einfallenden Hauptgange und einigen denselben begleitenden unbedeutenden Nebentrümmern. Der Hauptgang erreicht eine Länge von ungefähr 850 m, ist durchschnittlich nur 1 bis 1,5 m mächtig und enthält meistens sehr rauhe, quarzige Gesteinsmasse, bauwürdige Eisensteinmittel nur in der Gesammtlänge von 100 m, die mit mehreren Stollen (der tiefste bringt 150 m Teufe unter Tage ein) und zwei darunter in 30 und 60 m folgenden Tiefbausohlen aufgeschlossen sind. Der Betrieb ergab im Jahre 1880 eine Produktion von 214 560 Ctr. Spatheisenstein, welchem etwas Kupferkies beigemengt ist.

d. Die Erzgänge südlich der Daade.

Der bei weitem grösste Theil dieser Gänge und zwar der westliche, welcher sich einerseits zwischen Schutzbach und Kausen, hauptsächlich um den Falkenberg und den Käusersteimel, andererseits zwischen den Orten Dickendorf, Steinebach und Kotzenroth, namentlich um den Nord- und Südabhang der Steineberger Höhe gruppirt, führt in seiner Ausfüllungsmasse von Tage aus bis zu den jetzt erreichten Tiefen vorherrschend Eisenglanz mit einem wesentlich geringeren Mangangehalt, als bei dem Spath- und Brauneisenstein der Fall ist. Spatheisenstein kommt nur an wenigen Punkten und in kleinen Nestern, Brauneisenstein in grösserer Menge und häufig in gleichen Theilen mit Eisenglanz vermengt, stellenweise auch den Eisenglanz überwiegend vor. Im letzteren Falle hat derselbe meistens Glaskopfstruktur.

Von den beiden gedachten Gruppen ist die zwischen Steinebach, Dickendorf und Kotzenroth gelegene wegen der sehr grossen Ausdehnung und Mächtigkeit ihrer Gänge die wichtigste. Der bedeutendste dieser Gänge ist der nach den darauf liegenden Hauptgruben genannte Bindweider Gang (9), der 1000 m von Nordwest nach Südost bauwürdig verfolgt ist und südwestlich mit 75° einfällt. In südlicher Richtung folgen zwei parallele Gangzüge, nämlich der Steineberger Gangzug (2, 3), welcher 800 m weit verfolgt ist, und der Gangzug der Grube Alter Alexander (4) am Südostabhange der Steineberger Höhe, welcher in dem Gange der Grube Eintracht auf der Nordwestseite dieses Berges und südostwärts in der Grube Heinrichsverbindung wahrscheinlich seine Fortsetzung findet und bei dieser Annahme ebenfalls c. 1000 m lang sich ausdehnen würde. Weniger bedeutend sind die nördlich vom Bindweider Gange aufsetzenden Gänge der Grube Hercules und der längs dessen östlicher Hälfte sich diesem vorlegende Gangzug der Gruben Grundstein, Abendroth, Weller und Eckstein (10), sowie der noch nördlicher vom Herkulesgange aufsetzende Gang der Grube Königszug (12) und endlich der Gang der Grube Krämer (1), südlich von der Steineberger Höhe bei Hommelsberg.

Der Bindweider, der Steineberger, der Eintrachter und der Herkules-Gang sind durch zwei Stollen, von welchen der tiefste 115 m Maximalteufe einbringt und ungefähr 330 m über dem Meeresspiegel liegt, gemeinschaftlich aufgeschlossen, und von letzterem ist ein Flügelort nach dem Gange von Alter Alexander in Betrieb gesetzt worden.

In diesem Stollen hat der Bindweider Gang folgende, nach den darauf liegenden, in einer Hand befindlichen Gruben benannte Erzmittel von Westen nach Osten:

Erzmittel	Im oberen Stollen		Im tiefen Stollen	
	Länge m	Mächtigkeit m	Länge m	Mächtigkeit m
Alfred	—	—	78	1
Steinweide	—	—	30	1
Bindw. Hauptmittel, westlich .	118	0,5	118	0,3
„ „ östlich .	115	8	80	5
Nebengang	40	0,8	55	0,6
Junge Bindweide	40	2	55	0,8
Neue Bindweider Hauptmittel	178	6	180	3
Herzwinkel, westlich	62	1	62	1
„ östlich	100	2	140	1
Herzwinkel II	38	3	—	3

Die Mächtigkeit ist am bedeutendsten auf dem ersten und zweiten Bindweider Hauptmittel, wo sie zuweilen bis zu 14 m stieg. Beide Mittel liegen in den stärksten Biegungen des Ganges. Derselbe spaltet sich nach Osten in zwei, Herzwinkel und Herzwinkel II genannte Trümmer, von welchen das erstere, südlich gelegene fast ohne Unterbrechung fortsetzt und nur durch zwei Klüfte 30 bis 40 m in's Hangende verworfen wird, wogegen das nördlich gelegene Trumm eine lange Unterbrechung erleidet, aber hinter derselben sich günstiger als vorher gestaltet.

Bei weitem nicht so bedeutend wie der Bindweider Gangzug ist der Gangzug der Grube Steineberg. Derselbe lässt sich auf 800 m Länge in Pingenzügen verfolgen, hat aber auf dieser Länge von West nach Ost folgende bauwürdige Erzmittel:

Erzmittel	In der oberen Stollensohle		Im tiefen Stollen	
	Länge m	Mächtigkeit m	Länge m	Mächtigkeit m
Engel	4	—	40	0,6
Adelheid	—	—	60	0,8
Hulda	40	1,5	40	1,5
Mathilde	60	1,0	—	—
Paul	120	0,5	—	—
Steineberg	—	—	25	1,0

welches letzte Mittel auf einem westwärts sich vom Hauptzuge abzweigenden Trumm liegt.

Der Gangzug hat geringe Mächtigkeit und schliesst viele taube Mittel ein, jedoch stieg erstere stellenweise bis zu 2 m und zwar namentlich auf den Mitteln Hulda und Adelheid. Das Nebengestein ist hier häufig nahe am Gange ganz in Letten zersetzt.

Der Gang der Grube Herkules lässt sich in Pingen 450 m lang verfolgen und hat von Westen nach Osten folgende Erzmittel:

Erzmittel	Im oberen Stollen		Im tiefen Stollen	
	Länge m	Mächtigkeit m	Länge m	Mächtigkeit m
Herkules	60	0,6	80	0,6
Aurora	130	0,5	90	0,5
Emanuel	60	0,5	70	0,4

Der vielfach durch Quarzbänke verunreinigte Gang hatte die bauwürdigsten Mittel in seiner Mitte im Felde von Aurora, wo die Mächtigkeit mehrfach bis zu 1,5 m stieg.

Von dem Herkulesgange aus wurden im oberen Stollen auch die Gangtrümmer der Gruben Vulcan nordwärts und Carolina westwärts, aber theilweise nur als Bestege und nicht bauwürdig aufgeschlossen.

Der Gangzug der Grube Alter Alexander ist erst durch einen 60 m Teufe unter Tage einbringenden Stollen aufgeschlossen worden. In diesem wurde der Gang 330 m verfolgt, wovon 200 m sich sehr bauwürdig mit 2 m durchschnittlicher Mächtigkeit zeigten. Nach den Namen der konsolidirten Spezialfelder unterscheidet man vier Erzmittel: Nicolaus, Alter Alexander, Auguste und Arnold; am bauwürdigsten war das Mittel Alter Alexander, dessen Mächtigkeit an einer Stelle 8 m betrug.

Der Gang der Grube Eintracht, welcher in der Richtung des Gangzuges von Alter Alexander nordwestwärts fortsetzt, ohne dass bis jetzt eine Verbindung zwischen beiden nachgewiesen ist, wurde ausser mit dem tiefen Stollen der Grube Bindweide schon mit einem oberen, 40 m höher gelegenen Stollen aufgeschlossen. Der Gang hatte hier ein 50 m langes, 0,5 bis 2 m mächtiges, aber sehr von Quarz durchsetztes Erzmittel, welches im tiefen Stollen an bauwürdiger Länge bis zu 80 m zunahm.

Der Gang der Grube Krämer bei Hommelsberg, 700 m südwestlich vom Gange der Grube Alter Alexander, ist durch einen Stollen, unter welchem man 30 m tiefer einen Tiefbau begonnen hat, 260 m lang aufgeschlossen. Er streicht von Ost nach West, fällt mit 75° südlich ein und hat eine durchschnittliche Mächtigkeit von 2 m, die stellenweise bis zu 4 und 5 m zunimmt.

Verwerfungen theilen den Gang von Westen nach Osten in fünf Erzmittel von 40 bezw. 125, 56, 30 und 25 m Länge, von denen das längste die durchschnittlich grösste Mächtigkeit von 2,5 m besitzt. Nach den Enden zu nimmt der Gang an Mächtigkeit ab und wird durch Zunahme der quarzigen Einlagerungen rauh.

Es produzirten im Jahre 1880 der

		Ctr.		Ctr.
Bindweider Gang	Eisenglanz und Brauneisenstein	508 100,	Spatheisenstein	4 240
Steineberger „	„ „ „ „	208 460,	„	—
Eintracht- „	„ „ „ „	35 690,	„	—
Herkules- „	„ „ „ „	42 320,	„	—
zusammen	„ „ „	794 570,	„	4 240
die Grube Grundstein	„ „ „	50 364,	„	9 180

Unbedeutende, zu der vorstehenden Gruppe zu rechnende Gangtrümmer sind unter 5, 6, 7, 8, 12 aufgeführt.

Die Gruppe der zahlreichen Gänge zwischen Schutzbach und Kausen hat keine Lagerstätten, die durch Ausdehnung und Mächtigkeit hervorragen. In dieser Gruppe sind von einiger Bedeutung die Gänge der Gruben Gottessegen (27), Falkenberg (28), Alte Kaulen (29), Pius (30) am Falkenberge, ferner Rother Löwe (26), Louise und Neue Concordia (23), Vereinigtes

Wasserrad (22) und Grüne Au (27) am Nordabhange, endlich Kleinsteimel (20), Käusersteimel (21) und Omer Pascha (17) am Südabhange des Berges Käusersteimel. Noch untergeordnetere Gänge sind unter 31, 25, 19, 18 aufgeführt. Von den bedeutenderen Gängen dieser Gruppe verfolgen diejenigen im nordwestlichen Theile ein Streichen von Süd nach Nord, das bei einigen weiter in Nordwest umbiegt, diejenigen im südlichen Theile ein Streichen von West nach Ost, das bei einigen weiter in Nordost umbiegt, wogegen diejenigen in der Mitte zwischen beiden Theilen in beiden Richtungen sich kreuzen und dadurch das Gangnetz sehr verdichten.

Die schon durch die in ihrem Felde aufsetzenden, oben (S. 19) erwähnten Basaltgänge bekannte Grube Gottessegen hat als wichtigste Lagerstätte den Gottessegener Gang, welcher in Stunde 12 bis 1 streicht, mit 70° südlich einfällt, aber durch Klüfte sehr zerstückelt ist, auf 180 m Länge mit 0,5 bis 4 m Mächtigkeit verfolgt, und daneben noch den kaum bauwürdigen Fort-(Hoffnungs-)Gang und den Freiheitsgang.

Die nördlich an Gottessegen angrenzende Grube Falkenberg hat von Norden nach Süden folgende Gänge:

1. den Hermannsglücker Gang, 400 m lang, str. St. 9, f. 70° südwestlich, 0,5 bis 2 m mächtig;
2. den Falkenberger Gang, 170 m lang, str. von Nordnordwest nach Südsüdost, f. 75° südwestlich, durchschnittlich 1 m mächtig;
3. den Sophiengang, 70 m lang, str. von Süd durch Nord nach Nordwest, f. seiger, 0,5 bis 1 m mächtig;
4. den Victoriagang, str. von Südost nach Nordwest, f. 70° südwestlich, 0,5 m mächtig;
5. den Gregor- oder Neue Victoriagang, str. von Südsüdost nach Nordnordwest, 180 m lang, 0,5 m mächtig;
6. den Amaliagang, 110 m lang bauwürdig, str. St. 10. 4, f. 70° südwestlich, 0,5 bis 1 m mächtig;
7. den Neue Gottessegener Gang, 120 m lang, str. St. 10, f. 70° südwestlich, 1 m mächtig.

Die Grube Alte Kaulen besitzt drei Gänge, den Alte Kaulener Gang, str. St. 9. 4, f. 60° südwestlich, mit 1 m durchschnittlicher Mächtigkeit, 78 m lang, in dessen südöstlicher Fortsetzung das Längenfeld Honig liegt; dann den Neue Kaulener Gang, str. St. 11, f. 70° südwestlich, 0,5 m mächtig und sehr quarzhaltig; endlich den Nicolaigang, str. St. 6. 4, f. 70° nördlich, 0,5 m mächtig und ebenfalls sehr quarzhaltig.

Pius mit Kappszeche, Krone und Gustavszeche, in nordwestlicher Fortsetzung der Alten Kaulener Gänge, hat einen Gang, streichend von Südost nach Nordwest, f. 70° nordöstlich, mit zusammen 60 m langen Erzmitteln von 0,5 bis 2 m Mächtigkeit.

Die im Gebirgsdistrikte „Kropeln und Wasserbach“ liegenden Gruben

Rother Löwe, Louise und Neue Concordia sind durch mehrere Stollen aufgeschlossen, deren tiefster, der Isabella-Erbstollen, 100 m Teufe unter Tage einbringt. Der Gang von Rother Löwe hatte in dieser Stollensohle 50 m bauwürdige Länge mit 1 bis 3 m Mächtigkeit. Er streicht Stunde 9, fällt mit 80° südwestlich ein und setzt östlich in das Längenfeld Fortsetzung, westlich mit einem Trumm in das Längenfeld Junger Löwe, mit einem zweiten Trumm nordwestwärts in das Längenfeld Eisenbart (konsolidirt mit den Längenfeldern Taube und Weisse Taube unter dem Namen Libanon) fort und erreicht mit diesen Feldern eine Ausdehnung von 450 m.

Der in Stunde 5 streichende, fast seiger einfallende Gang von Louise setzt westwärts im Grubenfelde Vereinigte Louise, ostwärts im Felde Schutzbach fort und erreicht mit diesen Feldern 1000 m Länge, ist aber meistens nur mit quarziger Masse ausgefüllt, in welcher sich im tiefsten Stollen Erzmittel von 20 m Länge mit 1 bis 2 m Mächtigkeit finden.

Der in Stunde 6 streichende und mit 60° nördlich einfallende Gang von Neue Concordia besteht aus einer stellenweise bis zur Mächtigkeit von mehreren Metern zunehmenden, theils schieferigen, theils quarzigen Gangmasse, in welcher Erzmittel von 0,5 bis 3 m Mächtigkeit aufsetzen, und zwar namentlich im westlichen Theile, welcher mit einer Wendung in Stunde 4 in die Grubenfelder Steimel und Concurrenz ostwärts fortsetzt, womit der Gang 800 m Länge erreicht. Mit dem Isabella-Erbstollen ist derselbe erst 80 m lang aufgeschlossen und bisher auf 60 m Länge mit 1 bis 3 m Mächtigkeit bauwürdig gefunden worden.

Der Gang von Vereinigtes Wasserrad, von Ostnordost nach Westsüdwest streichend und westwärts in den Längenfeldern Glanzkönig und Scheuer fortsetzend, ist nur durch einen Versuchsschacht aufgeschlossen, von dem aus eine 14 m unter der Hängebank angesetzte Strecke denselben bereits 3 m lang mit 1 m Mächtigkeit bauwürdig gefunden hat.

Der Gang der Grube Grüne Au, welcher sich östlich den Gängen von Louise und Neue Concordia in Stunde 3 mit nordwestlichem Einfallen vorlegt und durch das schon oben erwähnte Vorkommen von Nickelwismuth bekannt ist, hat eine 1 bis 2 m mächtige, häufig sehr quarzige Gangmasse, enthält neben Eisenglanz stellenweise Spatheisenstein von grobspangeliger Struktur und ist mit 2 Stollen 140 m lang aufgeschlossen.

Die Gruben Käusersteimel und Kleinsteimel sind durch einen von Kausen her nordostwärts getriebenen Stollen aufgeschlossen. Die erstere hat einen von Westen nach Osten streichenden, mit 45° südlich einfallenden Gang, der in drei, nach den Namen der darauf verliehenen, später konsolidirten Felder Susanna, Max und Fabrica bezeichnete Erzmittel getrennt ist, von welchen das mittelste die grösste Ausdehnung und Mächtigkeit erreicht. Der Gang ist 300 m lang, aber davon nur der westliche Theil mit 60 m Länge und 0,5 bis 1 m Mächtigkeit, sowie der mittlere, durch häufige Kupfererzablagerungen ausgezeichnete Theil mit 80 m Länge und 2 bis 4 m Mächtigkeit als bauwürdig zu betrachten. Zwischen diesen beiden Theilen zweigt sich nordwärts der Käusersteimeler Gang ab, der 85 m lang, aber nur 0,5 m mächtig aufgeschlossen wurde. Westlich von letzterem liegt der Kleinsteimeler Gang, der in Stunde 3 streicht, nördlich mit 60° einfällt und 200 m lang aufgeschlossen, aber nur auf 60 m Länge mit 1 bis 2,5 m Mächtigkeit bauwürdig ist.

Der Gang von Omer Pascha, der sich im Gange der westlich angrenzenden Grube Heinrichsfeld möglicherweise fortsetzt, ist nur durch einen Versuchsstollen bekannt, in welchem er 0,5 m mächtig angehauen wurde und Eisenglanz führte.

Zwischen den beiden grossen Eisenglanz-Gruppen setzt namentlich in dem Gebiete zwischen Elkenroth und Kausen am Sommer- und Winterberge noch eine grosse Anzahl unbedeutender Gangtrümmer auf, die ebenfalls vorwiegend Eisenglanz führen; dieselben sind mit 13, 14, 15, 16, 17, 18 und 19 bezeichnet.

Eine dritte charakteristische Gruppe von Gängen südlich der Daade bildet diejenige, welche sich hauptsächlich im Gebirge Höhwaldskopf zwischen Niederdreisbach und Schutzbach ungefähr in Stunde 10 hinzieht. Dieselbe zeichnet sich durch ihre neben Braun-, Roth- und Spatheisenstein vorkommenden Kupfererzablagerungen aus, die so erheblich sind, dass diese Gruppe, zumal wegen sporadischer Einschlüsse von Bleiglanz in einigen ihrer Gänge, schon einen Uebergang zu der östlichen Gruppe der Erzgänge des Reviers, ähnlich wie der Biersdorfer Gangzug, bildet. Auf die Kupfererze wurden in früherer Zeit, namentlich um die Mitte des vorigen Jahrhunderts, die darauf verliehenen Gruben allein betrieben. Seit einer langen Reihe von Jahren sind diese Gruben ausser Betrieb, und wegen Abnahme der Erze nach der Teufe ist ein maschineller Tiefbaubetrieb bis jetzt nicht versucht worden. Die wichtigsten derselben waren die unter 39 aufgeführten, in zwei Gangzügen liegenden Gruben Kupferkrone, Erzengel, Kunst, Alte Kupferkaute, Eisenkaute, Engelburg, Webershoffnung, Ramberg oberster Gang, Ramberg unterster Gang, Ramberg Gelegenheiter Gang und Stange.

Der ausgedehnteste dieser Gangzüge beginnt östlich im Gebirge Katzenberg (Grube Alte Kupferkaute) mit zwei Hauptgängen, deren wichtigster aus den von Ost nach West gehenden Mitteln der früheren Spezialfelder Unterste Kupferkaute, Mittelste Kupferkaute und Alte Pfuhl besteht und wahrscheinlich westwärts in den Gruben Engelburg, Webershoffnung und den drei Ramberger Gängen fortsetzt, wenngleich auf Engelburg und Webershoffnung der Spatheisenstein vor dem Kupfererz weit vorherrscht. Dieser Hauptgang, welcher Stunde 6 bis 8 streicht und mit 80 bis 85° südlich einfällt, ist mit dem Alte Kupferkauter Stollen 400 m lang aufgeschlossen, wobei er sich 0,2 bis 1,2 m mächtig erwies und aus Quarz mit theils fein eingesprengten, theils schnürenweise, namentlich im Liegenden des Ganges vorkommenden derben

Kupfererzen, meistens geschwefelten Erzen, bestand. Ebenso waren die denselben begleitenden Gangtrümmer beschaffen, von denen ein liegendes (Mittelste neue Kupferkaute) 200 m, ein hangendes 80 m lang verfolgt wurde.

Ein zweiter, 95 m südlich gelegener Hauptgang der Grube Alte Kupferkaute hatte mit jenem ersten Hauptgange fast gleiches Streichen und Fallen, erwies sich in seinen zwei Erzmitteln etwas bauwürdiger und setzt wahrscheinlich in der Grube Eisenkaute westlich fort. Von dem sehr alten Grubenbetriebe ist nur bekannt, dass derselbe über und unter dem im Thale des Dreisbaches angesetzten alten Stollen und zwar mit Kunstgezeug stattgefunden hat. In der Mitte dieses Jahrhunderts nahm man zu verschiedenen Malen den Betrieb wieder auf, wältigte den alten Stollen und eine 10 m darunter im Kupferkauter Gange und in dessen liegendem Trumm getriebene Gesenksohle wieder auf, setzte diese und den Stollen fort, fand aber über demselben die edlen Mittel abgebaut und weiterhin die Erzmittel, wovon nur eines am Liegenden des ersten Hauptganges zuweilen 0,2 bis 0,3 m Mächtigkeit erreichte, so schwach, dass man bald vom Betriebe wieder abstand. Aus dem gleichen Grunde haben sich Versuchsbaue auf Eisenkaute, Engelburg und Webershoffnung, welche vom Engelburger Stollen und mit einem einige Meter tiefen Gesenke unternommen wurden, nicht gelohnt. Eisenkaute hat zwar eine stellenweise bis 4 m mächtige, quarzige und schieferige Gangmasse, in der Trümmchen von Eisen- und Kupfererz, auch sogar von derbem Kupfererz aufsetzen; allein dieselben bleiben meistens zu schwach und werden selten über 0,3 m mächtig.

Die zu den jetzigen drei Ramberger Gruben gehörigen drei Gänge, welche im vorigen Jahrhundert unter dem Namen Ramberg ein ziemlich berühmtes Kupfererzbergwerk bildeten, liegen in der Richtung von Südost nach Nordwest beinahe parallel neben einander und sollen sowohl über dem im Dreisbachthale angesetzten tiefen Stollen, als auch in einem bis 80 m darunter getriebenen Gesenkbau gänzlich in den edlen Mitteln abgebaut sein. In dem Stunde 7. 2 streichenden, mit 75° südlich einfallenden Gange der Grube Stange mit 0,15 m mächtiger, quarziger Gangmasse, in welcher Kupfererze eingesprengt sind, scheint sich westwärts der betrachtete Kupfererzzug zu verlieren.

Der zweite Gangzug hat nur einige Bedeutung im Felde der Grube Kunst und besteht hier aus einem, ebenfalls schon mit einem Stollen und einem 22 m tiefen Gesenkbau abgebauten, tiefer noch nicht bauwürdig gefundenen, in Stunde 6. 6. 3 streichenden und mit 83° nördlich einfallenden Gange mit 0,3 bis 0,8 m mächtiger, rauher, mit Kupfererzen vermischter Gangmasse. Westwärts setzt derselbe in der Grube Eiche, ostwärts in den Gruben Kupferkrone und Erzengel, jedoch unbauwürdig fort.

Zwischen beiden Gangzügen liegt der Fundpunkt der Grube Kupferzeche II, welcher nur aus einem 0,1 m mächtigen, kupfererzhaltigen Gangbestege mit einem Streichen in Stunde 9. 6 und einem seigeren Einfallen besteht.

Auf den vorstehend geschilderten Kupfererzgängen treten neben dem Kupferkies zuweilen Kupferglanz, Rothkupfererz und Ziegelerz, sowie Kupferlasur, Malachit, seltener Kupferschwärze auf.

Oestliche Gangzone.

Diese Zone, welche sich gegenüber der mittleren Gangzone dadurch charakterisirt, dass neben dem vorwiegenden und mit Kupfererz schwach vermischten Eisenstein noch Zinkblende und Bleiglanz auftreten, und zu welcher daher der Biersdorfer Gangzug, die Gänge der Gruben Glaskopf und Krain und die Kupfererzgänge bei Niederdreisbach uud am Mahlscheiderkopf schon einen Uebergang bilden, enthält innerhalb des Reviers nur die unbedeutenden Ganggruppen unter 41, 42, 43, 44 bei Weitefeld und unter 48, 49, 57, 57a und 59 in isolirter Lage, deren Lagerstätten zu einem regelmässigen Betriebe noch nicht gelangt sind.

Zunächst sind zu erwähnen die Gruben Mansfeld und Grauer Mann, in einer aus quarzigem Gestein und Eisenstein bestehenden Masse Schnürchen von Bleiglanz von einigen cm Mächtigkeit enthaltend, welche erst versuchsweise auf eine kurze Strecke aufgeschlossen sind.

In dieser Zone liegen auch, ohne einen genetischen Zusammenhang mit deren charakteristischen Lagerstätten zu haben,

1. die unter 56, 51, 52 und 53 aufgeführten Eisensteinvorkommen, von welchen das erstere auf der Grube Zur schönen Aussicht einen 0,5 bis 1 m mächtigen, edlen Brauneisensteingang bildet, der aber nach kurzer Erstreckung schon durch einen Basaltrücken abgeschnitten wird, und das letztere auf den Gruben Freischütz und Scharfschütz in einer sehr mächtigen Eisenockerablagerung zu Tage tritt, die wahrscheinlich einem in der Nähe (in Nisterberg) gefundenen Spatheisensteinvorkommen ihre Entstehung verdankt.

2. Die nesterweise und oberflächlich an der Grenze von Basalt und Grauwacke auftretenden Thoneisensteinablagerungen der Gruben Eisenburg (44) und Wilhelm I bis X (45), deren Masse, Knollen oder Blöcke bildend, zuweilen 30 bis 40 % Eisengehalt erreicht, meistens aber so thonreich ist, dass sie auch als Bauxit angesprochen wird.

Westliche Gangzone.

Dieselbe unterscheidet sich zwar durch grössere Mannigfaltigkeit der Erzarten ebenso von der mittleren Gangzone, wie die östliche Gangzone; indess übertrifft sie die letztere doch erheblich durch eine grössere Anzahl von nutzbaren Lagerstätten und durch eine bessere Qualität der Erze, sowie durch grössere Mächtigkeit und Ausdehnung der Erzablagerungen. Der Spatheisenstein der westlichen Gangzone, in welcher der Uebergang in Brauneisenstein auch meistens näher der Tagesoberfläche stattfindet, als in der östlichen Gangzone, hat stets eine sehr grobblättrige Struktur und ist reich an Mangan.

Diese Zone umfasst die Gruben unter 97 bis 103, 124 bis 131 und 133, 135, 136. Zwischen denselben und den Gruben der mittleren Gangzone liegen, wie schon angegeben, als Zwischenzone die nicht mehr betriebenen Kobalterzgruben 93, 94, 115 und 116.

Unter den Gängen der westlichen Zone ist der bei weitem bedeutendste der Gang der Gruben Glücksbrunnen und Vereinigte Bornkaute, von welchen die letztere nur den östlichsten Zipfel des Ganges bildet. Der Gang setzt im Gebirge Gumpertskopf auf, streicht von Nordost nach Südwest und fällt mit 60 bis 70° gegen Nordwesten ein. Er ist mit dem 120 m Teufe unter Tage einbringenden tiefsten Daniel-Erbstollen 620 m lang aufgeschlossen; diesem Stollen folgen bereits Tiefbausohlen bis zu 110 m weiterer Teufe. Auf 350 m Länge sehr bauwürdig, theilt sich der Gang in mehrere Mittel durch zahlreiche Klüfte, unter welchen namentlich die eine Verschiebung der Theile nach der Richtung des Fallens veranlassenden Deckelklüfte häufig sind. Die Mittel haben eine von 1 bis 4 m und mehr schwankende Erzmächtigkeit und bestehen schon von dem Stollen ab nur aus Spatheisenstein der vorerwähnten Beschaffenheit, in welchem der Bleiglanz in Schnüren oder nesterweise auftritt. Beide Gruben förderten im Jahre 1880 384 000 Ctr. Spatheisenstein, wozu von Glücksbrunnen noch 753 Ctr. Bleiglanz kamen.

Der nächste bedeutendste Gangzug ist derjenige der Gruben Frosch und Vereinigte Wilhelmine & Hymensgarten (126), deren Hauptgang von Westen nach Osten streicht und südlich meistens mit 50° einfällt. Derselbe ist mit einer mehrere Meter mächtigen, bald mehr lettigen, bald mehr quarzigen Gangmasse ausgefüllt, in der Eisensteinmittel aufsetzen, welche die grösste Ausdehnung und Mächtigkeit im Felde von Vereinigte Wilhelmine & Hymensgarten erreichen, wogegen sich auf der Grube Frosch häufiger sehr silberreicher Bleiglanz in Schnüren und Nestern findet. Fortdauernd betrieben ist nur die Grube Vereinigte Wilhelmine & Hymensgarten und durch mehrere Stollen, von welchen der tiefste 160 m Teufe unter Tage einbringt, aufgeschlossen, während der Abbau der Grube Frosch erst mit einem Stollen bis zu dem Niveau des obersten jener Stollen geführt und dort seit langer Zeit sistirt ist. In neuester Zeit schliesst man den Froscher Gang vom tiefen Stollen der Grube Wüstseifen (126) aus auf. Der Gangzug ist durch Klüfte vielfach zerrissen und hauptsächlich in zwei 160 und 220 m lange Theile zerlegt, in welchen sich die ausgedehnteste Bauwürdigkeit findet, indem die Erzmächtigkeit in den Eisensteinmitteln zuweilen über 5 m hinausgeht, meistentheils aber 1 bis 3 m beträgt. Ostwärts scheint der Gangzug, der eine aufgeschlossene Länge von 400 m hat, noch eine grosse Strecke lang unbauwürdig in Trümmchen fortzusetzen.

Die Grube Vereinigte Wilhelmine & Hymensgarten förderte im Jahre 1880 173 940 Ctr. Spatheisenstein.

Im Liegenden des vorigen Gangzuges setzen die meisten übrigen Gänge der westlichen Zone auf.

Der Betrieb ist auf diesen Gängen bis auf unbedeutende Versuchsarbeiten auf der Grube Bergblume, die auf einem im Asdorfthale bei Buchenhof gegen Nordost aufsetzenden und in die Gruben Irene, Friedrichsglück, Wilhelmssegen, vielleicht bis Louise fortsetzenden Gange mit meistens tauber Ausfüllungsmasse baut, ferner auf der Grube Wüstseifen, welche bis zu 104 m Teufe unter ihrem tiefsten Stollen Abbau geführt und im Jahre 1877 noch 12 063 Ctr. silberhaltigen Bleiglanz sowie 4 148 Ctr. Zinkblende gefördert hat, eingestellt, da die Erze, besonders die Blei- und Zinkerze nach der Tiefe zu abzunehmen scheinen, zunächst neue Tiefbauanlagen zur Ausführung kommen müssen und auf manchen Gruben auch nur Stollenbetrieb lohnend war. Von den hierher gehörigen wichtigeren Gruben sind die Gruben Wüstseifen und namentlich Fischbacherwerk (124) hervorzuheben. Der Gang der letzteren Grube, welche seit alter Zeit hauptsächlich auf Bleierze bebaut wurde, so dass die oft mehrere Meter mächtigen Spatheisensteinmittel stehen geblieben sind, zerfällt in das Krautgartner, Blumengartner, Euelslocher und Wendelsseifener Erzmittel und setzt nördlich in die früher betriebene Grube Zeus, vielleicht auch in das Grubenfeld Langenhardt fort. Auf dem tiefsten, im Ottersbachthale angesetzten Stollen, unter welchen die Alten auf dem Euelslocher Mittel schon 56 m tief niedergegangen sein sollen, ist dieses und das Wendelsseifener Mittel je 26 m, das Blumengartner 5 m lang überfahren worden. In späteren Tiefbauen, mit welchen man im Blumengartner und Wendelsseifener Mittel 25 m, im Euelslocher 90 m tief unter jenen Stollen vorgedrungen ist, sollen sich das Wendelsseifener Mittel 1 bis 2 m, die beiden anderen Mittel 2 bis 4 m mächtig gezeigt haben. Die Grube hatte im Jahre 1869 die stärkste Produktion und zwar 1 384 Ctr. silberhaltige Bleierze, 1 785 Ctr. Kupfererze und 240 781 Ctr. Spatheisenstein.

Auf der Grube Zeus ist der Gang 120 m lang bekannt und 124 m tief unter einem Stollen aufgeschlossen worden, der 50 m über dem tiefen Stollen von Fischbacherwerk liegt. Es fanden sich zwei zusammen 60 m lange, 1 bis 3 m mächtige Mittel in einer aus Spatheisenstein und Grauwacke bestehenden Gangmasse mit Nestern von Bleiglanz, Blende und Fahlerz. Man produzirte im Jahre 1872 noch 16 480 Ctr. Spatheisenstein und 228 Ctr. Bleierze.

Erwähnenswerth ist noch der Gang der Grube Kräm, der von Nordwest nach Südost streicht, mit 60° südlich einfällt und möglicherweise in dem Gange der Grube Vereinigter Glückstern nach Südosten zu fortsetzt. Auf der Grube Kräm zeigte sich der Gang im Stollen 4 bis 5 m mächtig, war aber nur 40 m lang mit 1 bis 3 m mächtigem Spatheisenstein bauwürdig. Gegen Süden verliert sich derselbe; dagegen legt sich ein 24 m langes, 0,3 m mächtiges

Bleiglanzmittel an, welches sich 20 m unter dem Stollen auskeilt; jener Eisenstein setzt nach der Tiefe fort und ist in der ersten Tiefbausohle noch auf 25 m Länge 3 m mächtig.

Auf der westlichen Seite des Asdorfthales ist von einiger Bedeutung der auf sehr manganreichen Brauneisenstein gerichtete Betrieb der Grube Junger Wald (105) bei Wallmenroth, wo mit dem 250 m Teufe unter Tage einbringenden tiefsten Stollen der Gang im Niveau des Siegthales gelöst ist und eine bauwürdige Länge von 60 m bei 3 m durchschnittlicher Mächtigkeit zeigt.

Nicht weit von dieser Grube findet noch Versuchsbau mit Stollenbetrieb auf den Gruben Heinrich I und II, sowie ausserdem mit Tiefbau auf der Grube Reutersbruch auf Gangtrümmern statt, welche Spatheisenstein, Bleiglanz und Blende führen, jedoch in einer grösseren Tiefe noch nicht untersucht sind.

Im Jahre 1880 hatte Reutersbruch keine Produktion mehr; die Gruben Heinrich I und II förderten nur 7 431 Ctr. Spatheisenstein und 1 960 Ctr. Bleierze.

B. Dem Berggesetze nicht unterworfene Gebirgsarten.

1. Dachschiefer.

Derselbe wird ab und zu für den Lokalbedarf an den oben S. 8 bezeichneten Punkten gebrochen.

2. Basalt.

Der Basalt wird zeitweise an den meisten oben S. 17 genannten Basaltbergen als Strassenmaterial und zum Hausbau gewonnen. Regelmässig und am bedeutendsten entwickelt ist dieser Steinbruchsbetrieb an der Steineberger Höhe, sowie am Steinrother Kopfe und an dem Hohenseelbachskopfe, von welch' letzteren beiden Punkten auch ein grösserer Versand mittelst der Eisenbahn von Betzdorf und Herdorf aus stattfindet.

VI. Jetziger Stand des Bergwerksbetriebes auf den Erzgängen.

Seit der Einführung der ersten Dampfmaschine beim Grubenbetriebe auf den Erzgängen im Jahre 1859, und zwar auf der Grube Neuesglück bei Herdorf hat sich der Uebergang von der Lösung der Lagerstätten durch Stollen zum Tiefbau bereits auf fast allen wichtigen Gruben des Reviers vollzogen. In den beiden seitdem verflossenen Dezennien hat in Folge dessen, zumal gleichzeitig auch die Häuerarbeit durch Einführung des Dynamits an Stelle des Pulvers sehr wesentlich gefördert worden, der Grubenbetrieb einen ausserordentlichen Aufschwung genommen. Während derselbe im Laufe der letzten fünf Jahrhunderte von Tage aus und zwar meistens von den Scheitelflächen der Berge 200 bis 250 m tief bis zu den Thalsohlen unter Tage vordrang, gelangt jetzt in fünf bis sieben Jahren eine Tiefbausohle von 25 bis 30 m Abbaupfeilerhöhe zum Verhieb. Die Grubenbaue sind daher in den beiden letzten Dezennien meistens über 100 m, die Grube Zufälligglück sogar schon bis zu 200 m Tiefe unter die Thalsohlen vorgedrungen.

Mit Stollen allein werden von den bedeutenderen Gruben nur noch betrieben:

1. Die Gruben auf dem Hollerter Gangzuge, deren tiefste noch in Benutzung stehende Stollen der Tiefe Hollerter Erbstollen bei Dermbach (294,93 m über N.-N.) und der Tiefe Königsstollen zwischen Herdorf und Sassenroth (218,93 m über N.-N.) sind.

2. Die Gruben Waldstollen und Kuhlenwald, von welchen die erstere am tiefsten durch den genannten Tiefen Hollerter Erbstollen aufgeschlossen ist, tiefer aber wahrscheinlich durch den tiefen Zecher Stollen bei Brachbach (222,5 m über N.-N.) gelöst werden wird, wogegen für die tiefere Lösung der Grube Kuhlenwald der tiefste Stollen der Gruben Apfelbaum und Ecke zwischen Brachbach und Mudersbach (221 m über N.-N.) in's Auge gefasst ist.

3. Die Gruben Venus und Zeche, welche durch den tiefen Girnbacher und den schon genannten Tiefen Zecher Stollen gelöst werden.

Wie diese Stollen, von welchen die beiden tiefsten etwas über 2 km lang sind, noch lange nach Einführung des Tiefbaues auf den betreffenden Gruben zur Wetterführung und zur Abführung sowohl der die meisten und unbeständigsten Zuflüsse bildenden Tagewasser, als auch der von der Maschine zu hebenden Wasser, endlich als Verbindungsstrecken der Förderschächte mit der Absatzstrasse dienen werden, so giebt es auch unter den übrigen bereits zum Tiefbau übergegangenen Gruben noch eine grosse Zahl, welche ihre tiefsten Stollen zu jenen Zwecken benutzen. Die wichtigsten dieser Stollen sind: auf dem Herdorf-Biersdorfer Gangzuge der Tiefe Florzer Erbstollen im Sottersbachthal bei Herdorf (294,8 m über N.-N.) für die Gruben Friedrich Wilhelm und Einigkeit; der Tiefe Füsseberger Stollen bei Biersdorf (274,8 m über N.-N.) für die Grube Füsseberg; der tiefe Stollen des Bindweider und der anderen Gangzüge bei Steinebach (330 m über N.-N.); der Tiefe Charlotten-Erbstollen für die Gangzüge am Knorrenberge; der Tiefe Daniel-Erbstollen für die Gruben Glücksbrunnen und Vereinigte Bornkaute; der tiefe Stollen der Gruben Wüstseifen und Frosch; der tiefe Stollen der Grube Ohligerzug und andere.

Tiefbauanlagen sind bereits ausgeführt und in Ausführung begriffen:

auf den Gruben	seit dem Jahre	Gesammttiefe des Maschinenschachtes unter der Hängebank m	Des Tiefbauschachtes Form	Des Tiefbauschachtes Dimensionen m	Der Tiefbausohlen Zahl	Der Tiefbausohlen Tiefe unter dem tiefsten Stollen m	Grösste Teufe für die Förderung m	Grösste Teufe für die Wasserhebung m
Neuesglück . .	1859	72	oblong	$\frac{4}{2}$	2	45. 72.	72	72
Zufälligglück .	1863	202	„	$\frac{3,139}{2,354}$	7	20. 51. 74. 98. 122. 156. 186.	186	186
Bollnbach . . .	1866	182,5	„	$\frac{4,028}{1,26}$	4	35. 56. 87. 120.	120	120
Fischbacherwerk .	1869	130	„	$\frac{2,54}{0,9}$	4	17. 44. 64. 80.	80	80
Reutersbruch .	1870	62,8	„	$\frac{3,465}{1,26}$	3	16. 42. 62,8.	62,8	62,8
Glücksbrunnen . .	1870	112	„	$\frac{3,71}{1,99}$	4	28. 52. 82. 112.	112	112
Stahlert . .	1870	159	„	$\frac{3,5}{1,9}$	5	40.56.88.118.150.	150	150
Rosengarten. .	1871	98	„	$\frac{4,708}{2,38}$	3	40. 68. 98.	98	98
Grundseifen . .	1871	112	„	$\frac{1,569}{4,393}$	3	16. 50. 80.	112	80
Ohligerzug . . .	1872	86	„	$\frac{4}{2}$	3	22. 54. 86.	86	86
Krämer . .	1873	100	„	$\frac{4}{2,5}$	1	30.	100	30
Guldenhardt. .	1873	105	„	$\frac{4,393}{1,569}$	3	42. 72. 105.	105	105
Wüstseifen . .	1873	86	„	$\frac{3,48}{1,10}$	5	12. 28. 43. 60. 86.	86	86
Kräm	1874	53	„	$\frac{4}{3}$	1	21.	53	21
Friedrich Wilhelm	1874	130	„	$\frac{3,965}{2}$	2	50. 82.	82	82
Rosenzweig . .	1874	86	„	$\frac{4,775}{1,49}$	2	30. 60.	86	60
Alte Kaulen. .	1875	85	„	$\frac{4,393}{1,563}$	2	40. 85.	85	85
Peterszeche . .	1876	124	„	$\frac{4,393}{1,569}$	2	30. 60.	60	60
Langgrube . . .	1877	62	„	$\frac{3,766}{1,569}$	2	32. 62.	62	62
Glaskopf & Salome	1877	93	„	$\frac{4,5}{2,5}$	1	45.	60	45
Königszug .	1879	30	„	$\frac{2,8}{1,4}$	1	30.	30	30
Ecke . .	1879	20	„	$\frac{4,394}{1,412}$	1	20.	20	20
Apfelbaum .	1880	113	„	$\frac{3,73}{1,98}$	1	40.	113	40
Concordia .	1880	70	„	$\frac{3,766}{1,595}$	3	21. 37. 70.	70	70
Bindweide . . .	1880	136	„	$\frac{3,935}{2,555}$	1	50.	50	50
San Fernando . .	1881	50	„	$\frac{4,72}{1,6}$	1	50.	50	50

Wie diese Tabelle zeigt, nimmt die Teufe der Tiefbauschächte zwar schnell zu, ist aber bisher noch eine mässige gewesen. Da die Grubenbaue überhaupt nicht weithin ausgedehnt sind, was bei vielen Gruben schon die enge Begrenzung der älteren Felder mit sich bringt, so sind auch die Wasserzuflüsse und Förderquantitäten im Allgemeinen gering, die zur Wasserhaltung und Förderung aufgestellten Dampfmaschinen compendiös und mit nur wenigen Dampfkesseln (gewöhnlich 2 bis 3) versehen. Man hat daher auch Wasserhaltung und Förderung, die häufig nur einen gemeinsamen Motor haben, um so mehr auf einem Schachte vereinigt, als die Gruben künstlicher Einrichtungen zur Wetterführung nicht bedürfen und daher der Raum der Tiefbauschächte, abgesehen von der Fahrabtheilung, für jene Zwecke allein verfügbar bleibt. Die Schachtquerschnitte haben dem entsprechend geringe Dimensionen, sind aber für die neuesten Anlagen, da sich die älteren Dimensionen meistens zu gering erwiesen haben, etwas grösser gewählt worden. Die Auskleidung der Schächte ist in der Regel mit Holz und nur zuweilen in den oberen, den Einflüssen der Verwitterung mehr ausgesetzten Gesteinsschichten, und dann gewöhnlich bis zu dem nächsten Stollen mit Mauerung ausgeführt.

Die Maschinen- und Dampfkesselanlagen sind, wo es sich irgend thun liess, über Tage und nur in den Fällen, wo das über der tiefsten abgebauten Stollensohle liegende Gebirge noch eine verhältnissmässig zu bedeutende Höhe hat, unter Tage angelegt. Die von den Maschinen unter Tage getrennte Aufstellung der Kessel über Tage geschieht nur selten, wie z. B. auf der Grube Grundseifen, und meistens nur für provisorische Zwecke, wie augenblicklich auf der Grube Bindweide.

Dagegen betreibt man auf der Langgrube bei Brachbach die unterirdisch aufgestellten Maschinen mit comprimirter Luft von 2³/₄ Atmosphären Ueberdruck, welche man mit einem nassen Compressor von 1 m Hublänge und 0,5 m Cylinderdurchmesser erzeugt und von der über Tage stehenden, mit Dampf betriebenen Anlage vermittelst einer c. 1000 m langen Rohrleitung bis zu den Arbeitsmaschinen führt. Die Kraftmaschine in der Grube consumirt 4,5 cbm Luft in der Minute. Der äusserst hohe und steile Berg, in welchem der Tiefbauschacht bis zu Tage hätte fortgesetzt werden müssen, um die Maschinen ebenfalls über Tage aufzustellen, dürfte jene kostspielige Anlage rechtfertigen.

Für die Wasserhaltung hat man, wo sie mit der Förderung nicht einen gemeinsamen Motor hat, bisher die Cornwall-Maschine mit Gestänge ohne Rotation und zwar mit einem direkt wirkenden Dampfcylinder, dessen Kolben ohne Zwischenglied am Pumpengestänge angeschlossen ist, gewählt. Da für diese Maschinen, die bekanntlich nur bei sehr bedeutenden Schwungmassen ökonomisch arbeiten, solche Massen sich wegen der unbedeutenden Wasserzuflüsse der Gruben nicht bieten und daher die Expansion des Dampfes in denselben nicht genügend ausgenutzt werden kann, so hat man für die Tiefbauanlagen der neuesten Zeit die Wasserhaltungsmaschine mit Gestänge und Rotation vorgezogen und zwar die Kley'sche Maschine mit Hülfsrotation und Hubpausen, welche zur Umsteuerung mit dem Kataract der Cornwall-Maschine versehen, die Vorzüge sämmtlicher Wasserhaltungsmaschinen vereinigt. (Vergl. Zeitschrift des Vereins deutscher Ingenieure Bd. 23 S. 303.) Diese Maschine, mit 1 Cylinder construirt, ist auf den neuen Tiefbauanlagen der Gruben Apfelbaum und Bindweide aufgestellt worden.

Wasserhaltungsmaschinen ohne Gestänge und ohne Rotation finden sich unter Tage in kleinen Dimensionen auf den Gruben Wüstseifen und Grundseifen und zu einem provisorischen Zwecke auf der Grube Bindweide. Zu dieser Klasse von Maschinen gehört auch die mit comprimirter Luft betriebene Wasserhaltungsmaschine der Grube Langgrube.

Zur Schachtförderung benutzt man mit wenigen Ausnahmen Zwillingsmaschinen und findet sie meistens mit Vorgelegen versehen, da es bei den verhältnissmässig geringen Förderquantitäten auf grosse Fördergeschwindigkeit nicht ankommt, dagegen auf Ersparniss an Kosten für die Maschinen- und Dampfkesselanlagen sowie für die Dampferzeugung sehr gesehen werden muss. Die Förderanlagen haben deshalb gewöhnlich niedrige Fördergerüste, die selten über 10 m Höhe hinausgehen, sowie geringe Durchmesser in den Seilscheiben, Seilkörben und Dampfcylindern. Die bisher fast nur cylindrischen Seilkörbe werden mit Rücksicht auf die schnelle Zunahme der Schachtteufe mehr und mehr konisch geformt.

In neuerer Zeit geht man auch bei der Construction der Fördergestelle, welche auf den alten Förderanlagen noch primitiv waren, namentlich bei der Wahl des Materials und der Dimension der einzelnen Theile rationeller zu Werke, zumal die Gruben bei zunehmender Tiefe Seilfahrteinrichtungen für die Belegschaft herzustellen genöthigt sind.

Concessionen zur Seilfahrt haben seither erhalten:

Namen der Bergwerke.	Förderteufe	Fördergeschwindigkeit bei der		Zulässige Zahl der gleichzeitig fahrenden Personen Einetagen-Korb	Förderkorb-Bodenfläche		Gewicht des beladenen Förderkorbes bei der		Des Förderseiles	
		Seilfahrt	Erzförderung		im Ganzen	auf eine Person	Erzförderung	Personenförderung	Tragfähigkeit	Sicherheit bei der Personenförderung
	m	m	m		qm	qm	kg	kg	kg	
Bollnbach	120	1	4	3	0,86	0,29	1416	686	21100	23fach [1])
Charlotten-Erbstollen	100	1	3	4	1,02	0,25	1538	938	9700	$8^1/_2$ „ [2])
Grundseifen . . .	80	1	3	6	1,44	0,24	1500	900	14500	12 „ [3])

1) Das Förderseil ist starkes Gussstahldrahtseil, 25 mm dick, wiegt pro lauf. m = 2 kg.

2) Seil von geglühtem Holzkohleneisen, 25 mm stark, wiegt pro lauf. m 2,40 kg.

3) Seil 21 mm stark, wiegt pro lauf. m = 1,25 kg.

Namen der Bergwerke.	Förderteufe m	Fördergeschwindigkeit bei der Seilfahrt m	Fördergeschwindigkeit bei der Erzförderung m	Zulässige Zahl der gleichzeitig fahrenden Personen Einetagen-Korb	Förderkorb-Bodenfläche im Ganzen qm	Förderkorb-Bodenfläche auf eine Person qm	Gewicht des beladenen Förderkorbes bei der Erzförderung kg	Gewicht des beladenen Förderkorbes bei der Personenförderung kg	Des Förderseiles Tragfähigkeit kg	Des Förderseiles Sicherheit bei der Personenförderung
Zufälligglück . . .	160	2	5	4	1,00	0,25	1000	950	15000	13fach [1]
Guldenhardt . . .	108	3	4	4	1,00	0,25	1550	900	20000	18 „ [2]
Friedrich Wilhelm .	82	2	4	4	1,35	0,34	1570	920	21100	20 „ [3]
Glücksbrunnen . .	82	1	4	4	1,04	0,26	1492	915	15800	14 „ [4]
Ohligerzug. . . .	86	2	4	4	0,98	0,24	1562	912	24000	21 „ [5]
Glaskopf & Salome .	58	2	4	4	0,98	0,24	1562	912	24000	22 „ [6]
Stahlert	160	2	5	4	0,86	0,22	1600	950	19300	20 „ [7]
Rosenzweig . . .	81	2	3	4	1,16	0,29	1600	920	17500	16 „ [8]

Die Fangvorrichtungen an den Fördergestellen sind meistens nach dem Systeme von White & Grant construirt, neuerdings auch auf den Gruben Stahlert und Zufälligglück bei Herdorf sowie Apfelbaum bei Brachbach nach der Construction des Ingenieurs Braun zu Au gewählt.

Die Dampfkessel, deren bis jetzt 60 im Reviere vorhanden sind, sind auf den älteren Anlagen meistens Cornwallkessel mit 1 oder 2 Flammrohren, seltener Kessel mit Siederohren, wogegen auf den neuen Anlagen den letzteren hauptsächlich wegen der schwierigeren Reinigung der Flammrohre der Vorzug gegeben wird. Die Zahl der Siederohre ist gewöhnlich 1 bis 2, doch finden sich auf der Grube Stahlert deren 4, in 2 Paaren über einander liegend, womit man dort zufrieden ist.

Fairbairn'sche Kessel stehen in einem Exemplare auf der Grube Zufälligglück und in zwei Exemplaren auf der Grube Langgrube. Stehende Feuerbüchsenkessel mit vorgehenden Heizröhren hat man in je einem Exemplare auf den Gruben Grundseifen und Einigkeit, wogegen sich auf der Grube Reutersbruch ein stehender Feuerbüchsenkessel ohne Heizröhren befindet.

1) Seil 21 mm stark, wiegt pro lauf. m = 1,25 kg.
2) Anlage ist seit November 1880 ausser Betrieb gesetzt.
3) Seilstärke 25 mm, wiegt pro lauf. m = 1,80 kg.
4) Seilstärke 21 mm, wiegt pro lauf. m = 1,5 kg.
5) Seilstärke 26 mm, wiegt pro lauf. m = 2,25 kg.
6) Seilstärke 26 mm, wiegt pro lauf. m = 2,25 kg.
7) Seilstärke 27 mm, wiegt pro lauf. m = 3 kg.
8) Seilstärke 22 mm, wiegt pro lauf. m = 1,5 kg.

Zu provisorischen Zwecken sind auf einigen Gruben Lokomobilkessel mit vorgehenden Heizröhren aufgestellt.

Die Kesselanlagen sind bisher nur mit den gewöhnlichen offenen Planrosten geheizt worden. Bei der im Jahre 1880 auf der Grube Apfelbaum errichteten Anlage hat man zum ersten Male den Etagenrost mit Gasheizung nach dem Patente von Haupt eingeführt. Diese Anlage soll wenigstens 30% Brennmaterialersparniss gegen die alten Feuerungsanlagen ergeben und beseitigt zugleich den Nachtheil der letzteren, dass in Folge des Oeffnens der Heizthüren beim Schüren die kalte Luft auf die erhitzten Kesselbleche zuströmt. Der Stufenrost von v. Rubethege ist auf der noch im Bau begriffenen unterirdischen Siederohrkessel-Anlage der Grube San Fernando bei Herdorf eingeführt, da auch dieser eine grosse Ersparniss an Brennmaterial bewirken soll.

An der Abbaumethode, wie sie sich in dem Firstenbau mit Verlegung der Hauptförderstrecke in's Nebengestein und unter vollständigem Versatze der ausgewonnenen Räume mit zum Theil von Tage herbeigeschafftem Gesteinsmaterial (wodurch den Gruben Grundentschädigungen fast ganz erspart bleiben) allmählich ausgebildet hat, ist seither keine Aenderung vorgenommen worden. Man sucht die Pfeilerhöhe der Bausohlen so hoch zu nehmen, wie es die Neigung und Erzmächtigkeit des Ganges sowie sonstige lokale Umstände irgend gestatten. Gemäss der Mächtigkeit und Neigung der Gänge, welche letztere meistens 70 bis 85° beträgt, wählt man die Höhe der Bausohlen zu 25 bis 30 m, legt auch wohl Hauptbausohlen in Zwischenräumen von 40 bis 50 m Höhe an, richtet dann aber dazwischen Mittelsohlen ein.

Die Förderung in den Strecken und Stollen geschieht mit wenigen Ausnahmefällen, in welchen Pferde benutzt werden, mit Menschen. Pferdeförderung findet statt im Tiefen Königsstollen bei Herdorf, im Tiefen Zecher Stollen bei Brachbach und im Charlotten-Erbstollen bei Niederschelden.

Von Grubeneisenbahnen mit Lokomotivbetrieb besitzt das Revier bis jetzt nur die Anlage zwischen den Gruben im Sottersbacher Thale und der Station Herdorf der Deutz-Giessener Eisenbahn; jedoch ist eine zweite derartige Anlage zwischen den Gruben am Steineberge bei Steinebach und Scheuerfeld (unweit Betzdorf) an derselben Hauptbahn, die sogen. Elbbachthalbahn, als schmalspurige Lokomotiveisenbahn gegenwärtig in der Ausführung begriffen. Ferner liegt derjenige Theil der vom Bahnhofe Herdorf zur Grube Kunst im benachbarten Reviere Burbach führenden schmalspurigen Lokomotiv-Eisenbahn, welcher bis zur Seelenberger Hütte reicht, innerhalb des Reviers. Diese Bahn ist von besonderem Interesse, weil dieselbe an der am stärksten geneigten Stelle an jener Hütte die Steigung vermittelst einer eingelegten Zahnradbahn überwindet.

Mit der Zunahme der Tiefe der Gruben haben viele derselben wegen des geringen Umfanges ihrer Felder den Betrieb einstellen müssen, nachdem der

Abbau über den tiefsten Stollen erfolgt war, da der Ertrag aus einer tieferen Lösung nicht im richtigen Verhältnisse zu deren Kosten stehen würde. Aus diesem Grunde haben sich schon in einzelnen Fällen die Besitzer von Gruben zu gemeinsamen Betriebsanlagen behufs tieferer Lösung vereinigt. Für den Tiefbau ist dies geschehen zwischen den Gruben Guldenhardt, Kux und Grenze, sowie zwischen den Gruben Glaskopf und Salome und den Gruben Rosengarten und Vorschlag.

Das aus den Gruben kommende Erzhaufwerk wird, soweit es nicht schon absatzfähig ist, aufbereitet. Von Bedeutung ist diese Aufbereitung nur bei dem Spatheisenstein. Das zu Tage geförderte Haufwerk desselben unterliegt, nachdem bereits in der Grube die reinen Erzstücke mit der Hand getrennt worden, meistens einer Handscheidung, der eine Abspülung des anhaftenden Letten mit Wasser vorangeht. Bei der Scheidung wird hauptsächlich Quarz und Kupferkies vom Eisenstein abgeschlagen.

Auf einigen Gruben ist die Aufbereitung des Spatheisensteins bereits weiter ausgedehnt. So wird auf den Gruben Hellmannskaute und Einigkeit, wo für die Aufbereitung eine besondere Dampfmaschine betrieben wird, das über einen Rost gestürzte Erzhaufwerk in einer Trommel separirt und jede Kornsorte für sich in einem hydraulischen, continuirlich wirkenden Setzsiebe angereichert. Auf der neueren dieser Anstalten, nämlich auf Einigkeit, macht man vier Kornsorten von 7, 13, 20 und 30 mm Durchmesser. Die Kosten berechnen sich für 1000 Ctr. aufbereiteten Eisenstein auf 18 M.

Soweit der Spatheisenstein vor oder nach der Aufbereitung nicht direkt absetzbar ist, wird er einem Röstprozesse unterworfen, welcher entweder in offenen Haufen oder vollkommener und mit grösserer Brennmaterialersparniss in geschlossenen, oben offenen, eisernen oder gemauerten Oefen ausgeführt wird. Letztere haben entweder eine pyramidal oder konisch nach unten sich etwas verengende Form, 4 bis 5 m Höhe, 2 bis 3 m im Durchmesser und fassen 500 bis 800 Ctr. Die Heizung erfolgt mit Steinkohlen oder Koksklein (Cyndern) im Verhältniss von 10 bis 12% des zu röstenden Eisensteinquantums. Der Eisenstein, welcher hierdurch das mechanisch anhaftende Wasser und fast sämmtliche Kohlensäure verliert, wird auf diese Weise um 25% seines Gewichtes angereichert, daher transportfähiger und lockert sich zu Gunsten einer etwa noch weiter nöthigen Trennung von unhaltiger Masse und der Verschmelzung im Hochofen auf.

VII. Geschichtliches über die Entwickelung der Montanindustrie.

Die Anfänge der Montanindustrie in der ehemaligen Grafschaft Sayn-Altenkirchen sind zwar in Dunkel gehüllt, jedoch nach verschiedenen Anzeichen wahrscheinlich in der Zeit bald nach der Entwickelung dieser Industrie in dem benachbarten Nassau-Siegenschen Lande zu suchen. Sie fand in beiden Gebieten, wo sie hauptsächlich auf ein Eisenerz vorzüglichster Qualität und grosser Mächtigkeit auf leicht zugänglichen Lagerstätten gegründet ist, auf jenes Erz, welches seit Jahrhunderten den alten Märkischen Osmundstahl [1]) lieferte, gleiche Verhältnisse vor. Die zu den mächtigsten und ausgedehntesten Eisenerzlagerstätten gerechneten Gangzüge, wie der Eisenzecher, Kuhlenwald-Waldstollner und Hollerter Gangzug, setzen fast ohne Unterbrechung von dem Siegenschen zum Saynischen Gebiete fort (s. S. 31); der Bergbau auf denselben war schon zu Anfang dieses Jahrhunderts tiefer, als sonstwo im Saynischen vorgedrungen, und so lässt sich wohl annehmen, dass diese Gangzüge den Weg bildeten, auf welchem der Bergbau in das letztere Land eindrang.

Die älteste Urkunde über den Siegener Bergbau reicht bis in das 13. Jahrhundert zurück. Am 26. Februar 1298 wurde das alte Blei-, Kupfer-, Silber- und Eisenerzbergwerk Landeskrone [2]) am Ratzenscheid (Rotscheid) bei Wilnsdorf, 4 km von der Saynischen Grenze, vom Könige Adolph aus dem Hause Nassau den Grafen zu Nassau, Heinrich und Emich, mit anderen Bergwerken in ihren Landen, „wo man Silber suchen und finden könne", verliehen; nach der Belehnungsurkunde hatte die Grube damals schon einen alten Stollen und Schacht. Dieselbe liegt auf einer Gangzone, die durch den Grund Seel- und Burbach bis zur Basaltkuppe Hohe Mahlscheid fortsetzt, hier in das Revier Daaden-Kirchen eintritt, wo auf derselben die alten Kupfer-, Blei- und Eisenerzgruben Alte und Neue Mahlscheid lagen, und weiter südwestlich durch das Revier sich verfolgen lässt.

In einer Urkunde von 1495 [3]) wird von den drei Gruben bei Eiserfeld auf dem Kirschenbaum als solchen geredet, welche lange in Betrieb waren. Dieselben liegen auf dem Eisenzecher Zuge, der mit seiner Südspitze in die zum Revier Daaden-Kirchen gehörende Grube Concordia und andere hineinreicht.

---

1) Nach Wedding (Hüttenkunde I 561) hiess Osmund vor Alters in Schweden die in einem eigenthümlichen, zur Darstellung von Stahl direkt aus Erzen bestimmten Ofen erhaltene metallische Masse, welche sich an dessen Boden ansammelte und direkt zu Waaren ausgeschmiedet wurde.

2) Becher, Mineralogische Beschreibung der Oranien-Nassauischen Lande. Marburg 1789. S. 378.

3) Becher a. a. O. S. 389.

Die älteste Urkunde über das Siegensche Hüttenwesen [1]) datirt aus dem Jahre 1443 und ist überschrieben: „Verordnung oder Weisthum, wie es mit dem Schmelzen und Mahlen zu halten, wenn zwei Hütten oder Mühlen in einem Graben gehen". In der Dillenburgischen und Siegenschen Rentnereirechnung vom Jahre 1444 werden schon 29 Hütten aufgeführt.

Es ist hiernach anzunehmen, dass die im 15. Jahrhundert an den Grenzen des Saynischen Landes bereits stark entwickelte Nassau-Siegensche Montanindustrie schon damals, wenn nicht schon früher, auch in das Saynische vorgedrungen war. Dies ist um so wahrscheinlicher, als der Inhalt der ältesten, auf das Berg- und Hüttenwesen im Saynischen bezüglichen Urkunde vom 20. August 1478 annehmen lässt, dass dort die Entwickelung beider Industriezweige lange vorher ihren Anfang genommen hatte. In dieser Urkunde schloss nämlich Graf Gerhard zu Sayn mit dem Grafen Johann von Nassau einen Vertrag, welcher am Mittwoch nach Andreas 1518 zwischen den Grafen Johann von Sayn und Wilhelm von Nassau auf's Neue befestigt und worin die gegenseitige Verpflichtung übernommen wurde, dass ein Eisensteinverkauf von einem Lande in das andere nicht stattfinden (6) und der Bestand der Hütten nicht vermehrt werden solle (7) [2]).

---

1) Ebendaselbst S. 510.

2) **Vertrag zwischen Grafen Gerhard von Sayn vnd Grafen Johann zu Nassau, des Grundes Sele- vnd Burbach halber etc. 1478 uf donnestag nach vnser lieben Frauen tagh Assumpcionis (20. Aug. 1478).**

(Aus Privatakten des K. Berghauptmanns A. Achenbach in Clausthal.)

Wir Gerhard Graue zun Seyne vnd Johann Graue zun Nassauwe vnd zu Ditze etc. Bekennen vor vns vnser erben vnd nakomelinge, So als etwan Spenne vnd Irthum zusschen vns im grunde von Selbach gewest syn das wir vns derselben gebrechen uff vier vnser zo gegebenen Freunde vnd scheidtzlude nemlich Herren Adam v. Ottenstein, Ritter, Ampmann zu Hachenberg, Johann von Selbach der alde, Hermann von Heyger, Amtmann zum Dillenburgk, Euerhart von Hoildencusenn, Amtmann zun Siegen, vnd Conrait von Derenbach, Amtmann zu Hoensolms vnd Konixsbergh den wir als eynen Ouermann gewilligt haben verlaissen vnd an sie gestalt die vns der bestimpten gebrechen in maissen hernach geschrieben volgt, gutlichen vnd gruntlichen mit wissen vnd willen verflicht vnd vereynicht haben.

1. Zom ersten so sullen wir beide Herren vurschrieben jm grunde von Selbach nemlich zun Burpach eyn gerichte mit schultißen vnd Scheffen als sust gewohnlich ist von vnser beider luden setzen vnd maichenn laissenn, vnd vns der hoe gerichtsherlichkeit sennenclichen gebruchen, vnser iglicher zun seiner gebuir vnd noitdorfft sunder hinderniß des anderen. Vnd was im Gronde von Selbach wonet vnd dar zu uertadingen geburt, sall auch an dene gerichte uertadingt werden vnd anders nyrgen sunder geuerde. Es sall auch vnser iglicher seinen eigen Schultißen an deme selben gerichte sytzen haben vnd wilcher Scholteiß an niersten an gerichte kompt, sall vierst sytzen, das gericht von vnser beyder wegen hegen vnd richten, vnd so der ander kompt er sall by jn sytzen vnd dar sullen wir ader vnser krys Schultisz keinen vorstand vor deme anderen haben, oder gesynnen. Vnd so das gericht also

Aus dem Inhalte der Urkunden lässt sich schliessen, dass schon damals die Eisenindustrie im Saynischen wie im Nassauischen Lande eine gewisse

besessen wird was dan von wetten vnd Bueßen darvon koment, oas beyden gelych zuustehen vnd gefallen, und sall auch ein iglicher Inwoner des bemelten gerichts vns semenclichen eines iglichen Jairs eyn gerichtsherrn geben, die wir auch gelich teilen sullen.

2. Es ist auch mehr berot, daß vnser iglicher sich syner eygener angehoriger Lude jetzunt im grunde von Selbach wohnen oder hernach darinn ziehenn vnd kommen werden sich der mit diensten, beden, vnd anders gebruchen vnd geneißen maigh, wie vnser iglichem das zum willen begweme vnd eben ist, sunder hinderniß des anderen.

Wir sullen und wullen auch alle Rychslude, Vogtlude vnd inkomende Lude, die mit vnser eygen sint, zusammen vnd glich haben oder teilenn, witihs vns am besten gefallet, zun willenn vnd ebenn ist oder der nach noitdurfft samen gebruchen. Were aber das vnser eyner, so wir vns der jngemeynschaft gebruchten Dienst von denselben jnkommende Rychs- vnd Vogtluden durch vnser knechte gesynnen worden, welcher von vns der Dinste also zu gescheyn des am eirsten gesynnen lost, deme sullen sie sunder befinden des ander Herren oder sins knechtz dienen, doch also vnd in der gestalt, das deme anderen herren der nach synnen Gesynnen syn Dienst auch gelicher maiße geschehe. Were aber (das) wir die bemelten lude nit also in gemeynschaft haben vnd die deilten, alsdann sall vnd mag sich vnser iglicher seyner eigener lude, Jem zun gedeilt werden, gebruchen zun syne nutze vnd willen, vnbehindert des andern, alles sunder geuerde.

3. Vorter ist mehr beredt als vmb die eygen lude jn der Grafschaft von Sayne und Nassauwe, dass vnser iglicher, was under Jem wonet, die vor sich und sine erben haben vnd vorbaß damit gehalten werden, als ubirtzoighs Recht und gewohnheit ist, vnd das also bescheidenclichen das iglicher Ubirtzoiger sine scholt gehen herren vnd ander bezailt habe, vnd auch vnschedlich vns herren eyne iglichen syns schatz dienst und gerechtigkeit von den guteren vnder unser iglichem gelegen.

4. Item als vmb der Bruynikswaag sullen wir vorgenante Heren Jairs sament fyschen lassen oder vnser eyner eyn Jair, der andere das andere Jair vnd ist beredt, das an vns Gerhard, Grauen zo Seyne das anheben sin sall, nastdeme wir der Elste syn.

Were aber das wir den sament fyschen wulden, so sulde vnser Rentmeister zu Freusburg, so er den von vnsem wegen fyschenn wulde das deme Rentmeister zu Siegenn vier tage zuvor verkünden, ist es dem dan gesynnet, magh er kommen, ist das neyet, so magh er denselben waag das neheste Jair darnach auch alleine fyschen.

5. Vnd vmb die wern jn der Siege vnd das die Aastdrff verbuwet ist mit gneschen vnd polen etc. ist die meynunge vndt in dergestalt beredt worden, wie vns Gerharten vorgenannt der were und Stoppunge nit sehre noit ist, das wir dan vnseren vetteren von Nassauwe zun liebe vnd willen dieselben uffenen sullen jren gank haben mögen.

6. Es ist auch mehr beredt als vmb die Schmeltzunge, huitten, steyne vnd kolen zusschent vnser beider landschaft vnd ist die meynunge, das wir es von beiden teilen darmit gutlichen vnd fruntlichen halte, so das die meister von den huitten uß der grafschaft Nassauwe jn der Grafschaft von Seyne arbeiten, vnd die vnderthanen da leren mögen und das man uß der grafschaft von Seyne weder steyne vnd kolen jn

Blüthe erreicht hatte und eine weitere Vermehrung der Hütten sich wohl wegen Holzkohlenmangels nicht empfahl.

Kupfer- und Eisenerze sind die ältesten Mineralien, welche im Saynischen gewonnen wurden. Da sie meistens zusammen auf einer Lagerstätte einbrechen, werden die Anfänge ihrer Gewinnung und Verhüttung nicht weit von einander liegen.

Von den Eisenerzen ist der Brauneisenstein zuerst benutzt worden, weil er von Tage aus bis zu gewissen Tiefen meist allein, selten mit Eisenglanz und Spatheisenstein zusammen vorkam und bei den früheren schwachen Gebläsen am leichtesten verschmolzen werden konnte. Nach der Aufschliessung des Spatheisensteins (Stahlstein) setzte man diesen dem Brauneisenstein in kleinen, später bei der Erzielung von Rohstahleisen (Spiegeleisen) in grösseren Mengen zu. Eisenglanz konnte man wegen seiner meistens schweren Schmelzbarkeit erst seit Anfang dieses Jahrhunderts in grösseren Mengen zu Gute machen.

---

die Grafschaft von Nassauwe und weder uß der Grafschaft von Nassauwe jn die grafschaft von Seyne verkeuffe, doch also welcher von vns vorgenannte Heren vor sich selbst steyne oder koolen behouen werden, das vnser iglicher der in syne lande den vorstant mit deme kauffe habe vor jedermann. Es sall auch eyn iglicher vnser beider vntersaisse der die Kunst geleirt wirt, vnser iglichem vnder wilchem er seeßhafftlich ist, geloben und sweren, die Kunst nimmer buyssen vnser beyder grafschaft von Seyne vnd Nassauwe zun lern oder brengen, were aber das eynicher also übeltedich würde, die gelobde vnd eyde neyet heilde, vnd die Kunst buyssen die grafschaft von Seyne vnd Nassauwe leirte der solde synen heren, vnder deme er geseßen ist, verfallen syn vor lyp vnd gut.

7. Voirter ist insunderheit bereidt vertadingt, das wir beyde heren vorgenant nu vort me nach Datum dieß brieffs keine neuwe hütten jn beiden vnsern landen machen vnd bauwen sullen, sunder die huitten, itzund jn unsern landen synt, bauwelich haltenn oder vergahen laissen nach vnserem gefallen. In allen und iglichen punkten vnd artikulenn vorgenannt Geuerde vnd argelist ußgescheiden. Vnd want dann die obgeschrebenen punk vnd artikelt semenclichen also mit vnser beider wissen, willen vnd verhenknissen geschehenn vnd die genannte Scheidtzlude vnd ubermann vns der in obstympten maissen verliehen vnd vereynicht haben, hait vnser iglichem syn Ingesegell jegetzneichniß her onden angehangen vnd darzun die strengen vnd vesten vnser lieben getruwen vnd besunderen heren Adam von Ottenstein Ritter, Johann von Selbach der alde, Hermann von Heyger, Euerhart von Holdenckusen als scheidtzlude vnd Conrait von Derenbach als obermann alle obgemelt gebetten, daß Ir iglicher sind Ingesegell by die vnseren herunden angehangen haben, des wir Herr Adam Johann, Johann, Hermann, Euerhart vnd Conrait alle vorgenannt erkennen also vmb beden willen der bemelten vnsere gnedigen lieben heren vnd Junckern gerne gethan vnd unser iglicher syn Ingesegell by de jren gehangenn habenn In den Jairen vierzehnhundert Eycht vnd siebentzigh vff Donnerstagh nach vnser lieben frauwen tagh Assumpcionis.

(Adpendent sigilla VII.)

Während der Kupfererzbergbau hauptsächlich auf den im Amte Friedewald belegenen Gruben, namentlich an der Hohen Mahlscheid bei Herdorf und im Daadenbachthale bei Niederdreisbach, im Amte Freusburg und auf der Grube Käusersteimel bei Kausen umging, breitete sich der Eisensteinbergbau von den im Amte Freusburg liegenden, oben beschriebenen Gangzügen aus nach den entgegengesetzten Richtungen, namentlich nach Süden hin aus, was, abgesehen von dem auf eine ausgedehnte Erstreckung edlen Verhalten dieser Lagerstätten, durch die topographischen Verhältnisse begünstigt wurde. Die Gänge gehen nämlich auf dem Scheitel eines Gebirgsrückens aus, der zwischen den beiden Haupt-Flussthälern des Saynischen Landes, dem Sieg- und dem Hellerthale liegt, zu welchen sich mehrere Nebenthäler mit kleinen Gewässern herabziehen. Die Gänge waren dadurch für den Bergbau leicht zugänglich, und die Thäler eigneten sich vorzüglich zur Anlage von Hüttenwerken. Ein besonders reges Leben entwickelte sich auf dem Hollerter Gangzuge (vergl. das S. 34 erwähnte Cramer'sche Werkchen), und der Betrieb blieb daselbst bis heute in ununterbrochener Ausdehnung.

Von hier hat sich der Eisensteinbergbau auf die zu beiden Seiten des Hollerter Zuges, namentlich an den Abhängen jenes Gebirgsrückens zum Hellerthale zahlreich liegenden Nebengänge (Gruben Bollnbach, Stahlert, Venus u. a.) verpflanzt und ist dann weiter auf die benachbarten bedeutenden Lagerstätten (Gruben Guldenhardt, Florz, Füsseberg, Ohligerzug, Fischbacherwerk und Glücksbrunnen) übergegangen, um sich zuletzt, wahrscheinlich erst seit dem vorigen Jahrhunderte, auf die Eisenglanzlagerstätten zwischen Schutzbach und Hommelsberg, südlich vom Daadenbache auszudehnen. Der Eisensteinbergbau ist auf diese Weise fast über das ganze Revier verbreitet worden.

Gleichzeitig entwickelte sich auf denjenigen Lagerstätten, wo ausser den Eisenerzen Kupfererze vorkommen, der Abbau der letzteren, wobei es häufig vorkam, dass unter Stehenbleiben der Eisenerzpfeiler, die sich noch jetzt zuweilen finden, nur die Kupfererze abgebaut wurden, da man den Spatheisenstein erst seit Ende des vorigen Jahrhunderts in besser eingerichteten Hütten zu verarbeiten lernte.

Jünger als die betrachteten Industriezweige ist im Saynischen die Gewinnung von Bleierzen. Auf den schwachen und vereinzelten Bleierzlagerstätten vermochte sich ein regelmässiger Bergbau nur in dem ehemaligen Amte Freusburg und zwar namentlich auf den jetzt wieder verlassenen Gruben Rose und Fischbacherwerk, in der neueren Zeit auf den Gruben Wüstseifen, Kräm, Reutersbruch, Bergblume, Heinrich I und II zu entwickeln; auch letztere sind in der jüngsten Zeit wegen Abnahme der Erze ebenfalls dem Erliegen nahe gekommen. Die Verschmelzung dieser Erze erfolgt auf den grösseren Bleihütten zu Stolberg.

Der Bergbau auf Kobalterze kam erst gegen Ende des vorigen Jahrhunderts auf, hielt sich aber nur ungefähr fünfzig Jahre auf Gängen an den südlichen Gebirgsabhängen der Sieg zwischen Kirchen und Niederschelden während der hohen Preise der Smalte. Seit dem Preisrückgange der Letzteren kam dieser früher lukrative Bergbau, welcher auf verhältnissmässig armen Lagerstätten umging, zum Erliegen und scheint sich der ausländischen Konkurrenz der Kobalterze gegenüber nicht wieder heben zu können. Die Erze, deren Ausbeutung hauptsächlich in den Händen der Familie Wirtz von Eschen zu Cassel lag, gingen ausser Landes und zwar zuerst auf das Blaufarbenwerk zu Hasserode am Harz, später auch nach Velbert in der Grafschaft Mark und Ulm in Württemberg, sowie nach dem Blaufarbenwerke zu Horst bei Steele a. d. Ruhr.

Am spätesten und zwar erst seit dem Jahre 1840 hat man sich mit Aufsuchung von Braunkohlen, die als nördliche Ausläufer der Westerwälder Oligocänmulde über die Südgrenze des Reviers bei Nisterberg, Emmerzhausen, Kotzenroth und Nauroth hinübergreifen, beschäftigt. In Folge der ungünstigen Ablagerung derselben und der gegenüber den Steinkohlenpreisen zu hohen Selbstkosten ist indess eine regelmässige Gewinnung nur auf der Grube Adolphsburg bei Emmerzhausen in der Zeit von 1846 bis 1871 erreicht worden, und auch diese erlag schliesslich der Konkurrenz der Steinkohlen.

Was endlich den Steinbruchsbetrieb betrifft, so hat man schon frühzeitig die in den Grauwackenschiefern am Hohenseelbachskopfe und bei der Kreutzeiche sich findenden feinkörnigen Sandsteine als Gestellsteine für die Eisenschmelzöfen benutzt, ferner in den Thonschiefern am Ausgange des Thales von Herkersdorf nach der Heller bei Alsdorf, im tiefen Stollen der Grube Käusersteimel und in der Eisensteingrube Grundseifen bei Brachbach Dachschiefer gebrochen; doch hat sich von allen diesen Steinbruchsarbeiten bisher lediglich die Dachschiefergewinnung am letztgenannten Orte regelmässig gestaltet und zu einer nennenswerthen Produktion entwickelt.

Die Eisenindustrie nahm nach alten Sagen (vergl. Cramer a. a. O. S. 49) ihren Anfang damit, dass die Leute aus ganzen Gemeinden oder Dörfern hinausgingen und Eisenstein unter der Dammerde suchten, was sie „moltern“ nannten, dann Abends die gewonnenen Erze mit nach Hause nahmen und zuerst auf kleinen Dreh- oder Trethütten (nach der Art der Bewegung der Blasebälge so genannt), später auf grösseren Rennhütten durchsetzten. An vielen Stellen, selbst auf den höchsten Gebirgsrücken, sollen sich Schlackenhügel (Sinnerhaufen) von diesen Hütten noch zu Anfang des Jahrhunderts gefunden haben, und mehrere finden sich auch jetzt noch vor.

Als man von Tage aus tiefer niederzugehen genöthigt war, schlug man die Methode ein, zwei Schächte gleichzeitig nahe bei einander abzuteufen und mit einander durchschlägig zu machen. Man erhielt auf diese Weise Wetterzug und konnte, indem der eine Schacht tiefer als der andere gehalten wurde, das Wasser in der Arbeit längere Zeit zurückhalten. Vermochte man nicht mehr tiefer zu kommen, so teufte man einen neuen Schacht ab.

Obschon auf diese Weise der Saynische Eisenerzbergbau und das davon abhängige Hüttenwesen sich nur langsam entwickeln konnte, zumal man nur auf Gewinnung des manganreichen, leichtflüssigen Brauneisensteins ausging, so scheinen doch nach dem Vertrage vom 20. August 1478 (S. 73) schon gegen Ende des 15. Jahrhunderts beide Industriezweige zu einer solchen Ausdehnung gelangt zu sein, dass die Beschaffung der erforderlichen Holzkohlen schwierig zu werden begann, zumal durch die im Grenzlande Nassau-Siegen blühende Eisenindustrie die Nachfrage nach Holzkohlen noch vermehrt und wahrscheinlich auch schon eine Ausfuhr derselben aus dem Saynischen veranlasst wurde.

So erlangte schon damals die Sorge wegen der Kohlenbeschaffung den grössten Einfluss auf die weitere Ausdehnung des Hüttenbetriebes und dauerte fort, bis man in der neuesten Zeit die Holzkohle durch Koks und Steinkohle zu ersetzen lernte. Sie veranlasste, dass bereits in dem erwähnten Vertrage und später, als das Material zu den Holzkohlen in den Landesforsten mehr und mehr abnahm, in allgemeinen Verordnungen wiederholte, strenge Bestimmungen getroffen wurden, nach welchen die Ausfuhr von Kohlen und Erzen von einem Lande in das andere Land verboten und eine Vermehrung der Hütten nicht zugelassen wurde. In späteren Landesgesetzen und Verordnungen wurden diese Einschränkungen noch verschärft. Schon die erste Bergordnung des Saynischen Landes von 1556 sprach das Erzausfuhrverbot allgemein aus, und die Hüttenordnung von 1605 [1]) schrieb vor, „es sollen nunmehr keine Blas- und Hammerhütten von Neuem erbaut werden, es sei dann, dass der eine niedergerissen und an ein ander Statt oder Ort gesetzt werde;“ die jährliche Betriebsdauer wurde für jede Blashütte auf 48 Tage (zu 24 Stunden) beschränkt, und auch die Hammerschmiede mussten jährlich 12 Wochen „müssige Zeit“ halten. Diese Einrichtungen blieben bis in die neuere Zeit massgebend, indem sie auch die Grundlage für die Verwaltung der am 21. September 1641 von dem ehemaligen Besitzthum der Grafen von Sayn abgezweigten Grafschaft Sayn-Altenkirchen bildeten.

Unter solchen Umständen waren zwar die vorhandenen Hütten vor innerer Konkurrenz geschützt, aber die Produktion derselben und der Gruben blieb eingeschränkt, und die Entwickelung des Berg- und Hüttenwesens konnte nur langsam fortschreiten. Auch wird dieselbe von der Mitte bis gegen Ende des 17. Jahrhunderts noch besonders durch die Folgen des dreissigjährigen Krieges zurückgehalten worden sein. Nichts desto weniger scheint sich bis dahin schon der Uebergang von den alten Rennhütten zu den Schachtöfen und somit der Uebergang von der ursprünglichen direkten Darstellung eines

---

1) Beide Urkunden sind bei Cramer, Vollständige Beschreibung des Berg-, Hütten- und Hammerwesens in den Nassau-Usingischen Landen (Bd. I, Abth. 1, Beilagen 1 und 2) abgedruckt.

hämmerbaren Eisens zu der Erzeugung von Roheisen, welches erst durch den Frischprozess hämmerbar gemacht wurde, angebahnt zu haben. Auch hierin folgte das Saynische Land dem Siegenschen nach, wo man bereits im 15. Jahrhundert die Schachtöfen einzuführen begann.

Zu Motoren der Gebläse für die Hochöfen dienten Wasserräder, für welche sich in dem starken Gefälle der grösseren Gewässer ausreichende Betriebskraft darbot; die Gebläse selbst bestanden bis zur Einführung der Cylindergebläse im 19. Jahrhundert aus Lederbälgen.

Die meisten Hütten produzirten Gosseisen (nach Form der Göse, später Gänze genannt), ein leichtflüssiges, graues Eisen, welches hauptsächlich zur Fabrikation von Schmiedeeisen diente, und wählten dazu eine Gattirung von $^3/_4$ bis $^5/_6$ Brauneisenerz und $^1/_4$ bis $^1/_6$ Spatheisenstein.

Nur wenige Hütten und zwar diejenigen, die über stärkere Gebläse und geeignete Erze disponiren konnten, erzeugten Rohstahleisen (Spiegeleisen), wozu sie $^6/_{11}$ Brauneisenerz und $^5/_{11}$ Spatheisenstein gattirten, und welches in kleine Stahlkuchen zur Stahlbereitung gegossen wurde. Kalkzuschlag kannte man nicht, hätte auch mit diesem eine weit stärkere Gebläsekraft anwenden müssen. Die Schlacken waren reich an Eisen, das man als Wascheisen gewann.

Rotheisenstein lernte man erst nach Einführung stärkerer Gebläse zu Anfang des 18. Jahrhunderts verhütten. Gegenüber den alten Rennhütten, mit denen man in der letzten Periode ihres Bestehens auch schon wirkliches Roheisen erzeugte, hatten die ersten Schachtöfen grosse Vortheile. Ein Rennofen lieferte in 24 Stunden mit 4 Wagen (zu je 40 Ctr.) Eisenstein und 4 Wagen (zu je $176^2/_3$ Cubikfuss) Holzkohlen ungefähr 1 Wagen = 16 Stallen = 2560 Pfd. Gosseisen; dagegen produzirte ein Schachtofen aus 5 bis 6 Wagen Eisenstein und $3^3/_4$ Wagen Holzkohlen, die zusammen in 24 Gichten aufgegeben wurden, 40 bis 50 Stallen = 6000 bis 7000 Pfd. Gosseisen. Die Oefen für Rohstahleisen lieferten nur 4000 bis 5000 Pfd. Roheisen.

Bemerkenswerth ist der Bau der alten Hochöfen, welche im Horizontalquerschnitt auf ihre ganze Höhe ein unregelmässiges Viereck bildeten. Die Höhe derselben betrug im Gestell $2^1/_2$ bis $3^1/_2$ Fuss, in der Rost 2 Fuss, im Schacht $14^1/_2$ bis $15^1/_2$ Fuss, also im Ganzen 19 bis 22 Fuss. Die im spitzen Winkel liegende Ecke hiess die lange Ecke.

Am Anfange des 18. Jahrhunderts waren elf solche Oefen vorhanden, von denen jeder zu einem besonderen Hüttenwerke gehörte und zehn an Gewerkschaften verliehen waren, während einer von der Landesherrschaft und zwar auf den derselben als der Zehnte und Stollenneunte zufliessende Eisenstein betrieben wurde. Jene Hütten waren folgende:

Namen der Hütten	Privilegirte Zeit in Tagen			
	ordinäre	dotirt für den Hütten-schulzen	dotirt für den Geist-lichen	zusam-men
A. Im Amte Freusburg.				
1. Niederscheldener	48 u. 4 extra	2	—	54
2. Mudersbacher [1])	48	2	2	52
3. Brachbacher	48	2	—	50
4. Seelenberger	96	4	—	100
5. Herdorfer	48	2	3	53
6. Neugrünebacher	48	2	—	50
7. Alsdorfer	48	2	—	50
8. Fischbacher [2])	96	4	—	100
9. Altgrünebacher [3])	60	$2^1/_2$	—	$62^1/_2$
B. Im Amte Friedewald.				
10. Biersdorfer	84	$3^1/_2$	—	$87^1/_2$
11. Niederdreisbacher	60	$2^1/_2$	—	$62^1/_2$

Ausser diesen Hütten scheint nach einigen Angaben in früherer Zeit noch eine Schmelzhütte bei Elben bestanden zu haben; sonst aber hat die Zahl der Hütten sich seit dem mehrerwähnten Vertrage vom 20. August 1478 wohl nicht geändert.

Zu den sogenannten privilegirten Hüttentagen wurden ausnahmsweise noch Nachreisen bewilligt, theils als Ersatz für Störungen beim Betriebe, theils zur Unterstützung von Hütten in Zeiten der Noth, theils zur Sammlung von Fonds für gemeinnützige Zwecke.

Nach der Verfassung der Hüttengewerkschaften, die von den Grubengewerkschaften völlig getrennt bestanden, wenn auch die meisten Mitglieder der ersteren bei letzteren betheiligt waren, wurde der Hüttenschulze, welcher die Aufsicht über den ganzen Betrieb der Hütte führte und bei grösseren Werken noch einen zweiten Schulzen neben sich hatte, mit Stimmenmehrheit von der Gewerkschaft gewählt. Ihre Ernennung bedurfte der Bestätigung

1) Im Jahre 1874 in ein Hammerwerk umgewandelt.

2) Im Jahre 1880 abgebrochen.

3) Dies war die landesherrschaftliche Hütte, welche bald nach 1741 für immer eingestellt wurde. Nach ihrer Einstellung fielen 24 ordinäre und 1 Hüttenschulzentag an die Neugrünebacher, 36 ordinäre und $1^1/_2$ Hüttenschulzentag an die Alsdorfer Hütte.

durch die Bergbehörde, der sie in Bezug auf die Wahrung des fiskalischen Interesses verantwortlich waren. Auch nahmen sie die Arbeiter an, von welchen zu jeder Hütte 2 Meister und 2 Knechte gehörten. Dagegen hatte jeder Gewerke die Beschaffung der für seinen Zeitantheil an dem Hüttenbetriebe nöthigen Materialien und die Beschickung des Ofens während dieser Zeit selbst zu besorgen. Die ursprünglich schon nach Stunden beim Hüttenbetriebe berechneten Zeitantheile wurden später nur für die Dauer wenigstens eines Tages zugelassen. Jeder Hüttengewerke besitzt daher seinen Kohlen- und Erzplatz bei der Hütte. Die zum An- und Ausblasen des Ofens erforderlichen Materialien werden nach Anordnung des Hüttenschulzen gemeinsam angeschafft und die dabei fallenden Produkte (Sammetseisen) gleichmässig unter die Gewerken vertheilt. Ist der Ofen im Gange, so beschicken die Gewerken denselben in der durch das Loos bestimmten Reihenfolge, und jeder erhält das während der ihm zugefallenen Beschickungszeit produzirte Eisen.

Auch beim Bergbau, namentlich auf Eisenstein, war man inzwischen schon durch Uebergang zur Lösung der Lagerstätten durch Stollen etwas fortgeschritten; allein zu grossartigeren Anlagen dieser Art, zu Revierstollen, hatte man sich noch nicht entschlossen. Erst nach Herstellung der weiter unten (XI) gedachten Reformen in der Gesetzgebung und Verwaltung trat ein grösserer Aufschwung beim Berg- und Hüttenwesen ein. Die Bewerbung um Bergwerksverleihungen wurde vom Anfange des vorigen Jahrhunderts an lebhafter. Im dritten Jahrzehnt desselben wurden die noch jetzt bestehenden tiefen Stollen des Hollerter Gangzuges, nämlich der Alexanderstollen und der 11 Lachter tiefere Friedrichstollen, von der sonst nur bei dem Kupfererzbergbau betheiligten Landesherrschaft zur Hebung des Bergbaues angesetzt; vor und nach sind alle Gruben jenes Zuges damit gelöst worden.

Am 21. April 1742 wurde unter der seit 1741 begonnenen Regierung des Markgräflichen Hauses Brandenburg-Ansbach eine Hüttenordnung erlassen, nach welcher das Verbot der Eisensteinausfuhr zwar wiederholt, aber doch durch die Bestimmung gemildert wurde, dass „diejenigen Steine, welche auf wenigen Bergen gewonnen und in der Grafschaft nicht gebraucht werden können, noch auf vorheriges Anbieten von deren Hüttengewerken gebraucht werden wollen, deren Ausfuhr solle den Bergwerksinteressenten erlaubt sein". Gleichzeitig wurde darin den Hüttengewerkschaften für gewisse Fälle Zeit zur Nachreise bewilligt.

An demselben Tage wurde dem aus den Hüttengewerkschaften des Amtes Freusburg mit Ausnahme der Niederscheldener Hütte entstandenen Verbande die Altgrünebacher landesherrliche Hütte für 2000 Reichsthaler unter der Verpflichtung der Käufer, den auf dieser Hütte verschmolzenen, aus dem Zehnten und dem Stollenneunten fliessenden Eisenstein käuflich zu übernehmen, verkauft und gleichzeitig versprochen, dass keine andere Hütte angelegt und, wenn die Anlegung einer solchen einer neuen Gewerkschaft gestattet werden sollte, sie dem Verbande zu einer entsprechenden Entschädigung verpflichtet werden würde. Welchen Druck die Konkurrenz jener landesherrlichen Hütte ausgeübt hatte, geht zur Genüge daraus hervor, dass dieselbe das Rohmaterial und meistens in guter Qualität unentgeltlich erhielt, dass sie ausserdem ihre jährliche Betriebszeit soweit ausdehnen konnte, wie das Rohmaterial reichte, und dass der Betrieb rationeller geleitet wurde, als derjenige der gewerkschaftlichen Hütten, welcher durch die Einmischung jedes Gewerken in den Betrieb, namentlich aber durch die Ungleichmässigkeit der Beschickung der Oefen fortwährenden Störungen unterlag. Zudem mag die landesherrliche Hütte auch bei der Versorgung mit Kohlen aus den herrschaftlichen Forsten bevorzugt worden sein. Sie vermochte daher meistens günstigere Resultate zu erzielen, als die übrigen Hütten. Die Käufer derselben stellten den Betrieb gänzlich ein und theilten die jährliche Betriebszeit der Alsdorfer und Neugrünebacher Hütte zu. (Vergl. S. 80 Anm. 3.)

Durch solche Verbesserungen im Berg- und Hüttenwesen, wozu namentlich auch die seit Ende des 17. Jahrhunderts eingeführte bessere Versorgung der Gruben und Hütten mit Holz und Kohlen aus den Landesforsten gehörte, entwickelte sich der Betrieb bald in lebhafterer Weise. Andererseits traten aber auch die Nachtheile mehr hervor, welche in der eigenthümlichen Verfassung der Gruben- und Hüttengewerkschaften und zwar bei ersteren besonders in der Naturaltheilung der Produkte, bei letzteren in dem Mangel einer einheitlichen Beschaffung der Materialien lagen. Dadurch, dass jeder Grubengewerke seinen Eisenstein selbst verkaufte und jeder Hüttengewerke den Eisenstein für seine Hüttenzeit selbst beschaffte, fiel einerseits das für eine Schmelzcampagne bestimmte Material sehr verschieden aus, was den Ofengang störte und namentlich die grossen Gewerken sehr benachtheiligte, und trat andererseits eine grosse Konkurrenz im Eisensteinhandel ein, wobei der kleinere Gewerke sich von dem grösseren häufig übervortheilt sah und besonders die Eigenlöhner, deren Gruben von den Hütten entfernt lagen, Nachtheile erlitten. Gelang aber einem Grubengewerken ein lohnender Absatz seines Eisensteins im Inlande nicht, so wurde dieser bei der strengen Beschränkung der Ausfuhr fast werthlos. Es wirkte ferner störend auf den Ofengang ein, dass jeder Hüttengewerke denselben während der Benutzung seiner Hüttenzeit nach Möglichkeit zu beschleunigen suchte, um so ein möglichst grosses Eisenquantum zu erzielen.

Die Bergbehörde suchte Abhülfe zu schaffen; sie veranlasste nämlich im Jahre 1760 eine Vereinbarung unter den Gruben- und Hüttengewerken des Amtes Freusburg, wonach die selbstständige Anschaffung der Eisenerze seitens jedes einzelnen Hüttengewerken dadurch beseitigt wurde, dass unter ihrer Leitung die Vertheilung der Eisenerze auf den Gruben selbst erfolgte. Zur Ausführung dieser Repartition hatte der Bergmeister die Förderung jeder Grube vierteljährlich unter die Hütten nach einer über deren Erzbedarf aufgestellten Nachweisung unter Berücksichtigung einer richtigen Gattirung zu vertheilen, worauf die Hüttenschulzen jedem Hüttengewerken seinen Antheil von den so gebildeten Portionen nach Massgabe der Zahl seiner Hüttentage anwiesen. Von Quartal zu Quartal wurde der Eisenstein unter Leitung der Bergbehörde von einer Kommission, die aus dem Bergmeister, den beiden Berggeschworenen, zwei Hüttenschulzen und einigen von den Interessenten gewählten Vertretern bestand, taxirt, und nach den festgesetzten Taxen zog der Grubenrechnungsführer die von den einzelnen Hüttengewerken zu zahlenden Beträge ein.

Dieses Verfahren wurde im Jahre 1805 durch landesherrliche Verordnung auch im Amte Friedewald eingeführt. Dasselbe gereichte namentlich den zahlreichen Eigenlöhnergruben zum Vortheil, da der Absatz ihrer geringen Produktion nunmehr für den allgemeinen Marktpreis erfolgte, und kam andererseits den kleinen Hüttengewerken zu Statten, die keinen eigenen Grubenbesitz hatten und beim Eisensteinankauf mit den grösseren Gewerken nicht konkurriren konnten.

Durch eine weitere Vereinbarung mit den Hüttengewerken beseitigte die Staatsbehörde die den Ofengang störende Einmischung des einzelnen Betheiligten in den Hüttenbetrieb insofern, als an Stelle des „Zeithüttens“ das „Gewichtshütten“ durchgesetzt wurde. Hiernach konnte nämlich der Gewerke den Ofen während seiner Hüttenzeit nicht nach Belieben ausnutzen, sondern musste sich mit derjenigen Gewichtsmenge Eisen begnügen, welche der Ofen bei dem normalen Gange, für dessen Festhaltung die Ofenmeister verantwortlich waren, in dieser Zeit ausbrachte. Durch Reformen dieser Art und durch Verbesserungen in der Anlage und an den Apparaten der Werke erhöhte sich die Produktion der Hütten.

Trotzdem erscheint der Gewinn aus dem Hüttenbetrieb nur sehr mässig. Nach Eversmann[1]) ergab sich z. B. beim Betriebe der Alsdorferhütte im Jahre 1800 Folgendes:

a. Ausgabe (Hüttenreise von 80 Tagen).

1. An Eisenstein 476 Wagen zu $5^1/_3$ Rthlr. in G. C. . . .	2 538 Rthlr.[2])	40 Stb.		
Fuhrlohn zu 2 Fl. der Wagen (à 40 Ctr.)	634 „	40 „	3 173 Rthlr.	20 Stb.
2. An Kohlen 262 Wagen zu 18 Rthlr. (à c. 230 Cubikfuss)			4 761 „	— „
		Latus	7 934 Rthlr.	20 Stb.

1) Uebersicht der Eisen- und Stahlerzeugung in den Ländern zwischen Lahn und Lippe. S. 20.

2) Der Reichsthaler zu 60 Stüber gerechnet.

Transport		7 934 Rthlr. 20 Stb.
3. An Arbeitslöhnen: Hüttenlohn, einschl. 12 Stb. zu 80 Tagen auf den Tag Trinkgeld	220 Rthlr. 40 Stb.	
Steinklopfer- und Zehntträger-(Kohlenaufträger-)Lohn zu $2^2/_3$ Rthlr. der Tag	213 „ 20 „	
Schlackenpocherlohn zu 2 Fl. die Karre Wascheisen. Es werden erhalten 17 Karren Wascheisen . .	22 „ 40 „	456 „ 40 „
4. Gestellkosten		40 „ — „
5. Ausgeschlagener, sogen. Passivrecess als: Baukosten, Wasserzins (Flussgeld), Sammtmaterial und sonstige Kosten, auf die Campagne $4^1/_3$ Rthlr. pro Tag . .		373 „ 20 „
6. Hüttenzins. Von 800 Fl. Kapital, so man für den Hüttentag rechnen kann, indem schon 1000 Fl. dafür bezahlt sind, auf die privilegirten Tage gerechnet, $60 \times 800 = 48\,000$ Fl. zu 5 Prozent		1 600 „ — „
7. Zinsen vom Betriebskapital zu 106 Rthlr. auf den Tag gerechnet = 8480 Rthlr. zu 6 Prozent . . .		508 „ 48 „
Summa aller Unkosten		10 913 Rthlr. 8 Stb.

b. Einnahme.

Für 190 Wagen Gosseisen, à Wagen (c. 25 Ctr.) 46 Rthlr.	8 740 Rthlr.	
Für 48 Wagen Rohstahleisen à 51 Rthlr.	2 448 „	
Für 17 Karren Wascheisen à 14 Rthlr. .	238 „	
Summa der Einnahme		11 426 Rthlr. — Stb.
bleibt reiner Ertrag		512 Rthlr. 52 Stb.
G. C. oder auf den Hüttentag		6 „ $24^5/_8$ „

In dieser Berechnung ist, wie Eversmann hinzufügt, das Ausbringen des Hüttentages im Durchschnitt zu 49 Stahlen (à $1^1/_2$ Ctr.) angenommen, da es oft bis zu 44 sinken kann, ferner der Preis der Kohlen zu 18 Rthlr., der bis zu 25 und 30 Rthlr. steigen kann; endlich ist der Preis des rohen Eisens, welcher im Jahre 1801 auf 44 Rthlr. und 1804 auf 60 Rthlr. stand, zu 46 Rthlr. und der Preis des Stahls, der 1801 $17^1/_2$ Rthlr. kostete, zu 19 Rthlr. angenommen. Dann sind auch die Reisekosten zur Unterbringung des Eisens noch nicht veranschlagt, die in Zeiten, wenn es nicht zieht, wohl $1^1/_4$ Rthlr. auf den Hüttentag ausmachen können.

Ein Hochofen erzeugte am Ende des 18. Jahrhunderts bei 30 bis 32 Gichten in 24 Stunden aus 6 bis 7 Wagen (à 40 Ctr.) Eisenstein und $5^1/_2$ Wagen = 89 Ctr. Holzkohlen ungefähr 8 160 bis 11 000 Pfd. Gosseisen. Die

Hütten zusammen stellten 50 000 Ctr. Gosseisen im Werthe von 280 000 M. und 8 000 Ctr. Rohstahleisen im Werthe von 48 000 M. dar. Dazu waren c. 200 000 Ctr. Eisenstein (3/4 Braun- und 1/4 Spatheisenstein) nöthig, welches Quantum von 60 Gruben mit 340 Arbeitern und 68 Steigern gefördert wurde. Mit diesem Quantum gelangten auch diejenigen Eisenerze zur Förderung, welche bei der Repartition übrig blieben. Wollte man dieselben im Inlande nicht verhütten, oder sollte eine in Noth gerathene Grube unterstützt werden, so wurde gestattet, dass man diesen Eisenstein im Auslande verkaufte.

Das Roheisen aus den Aemtern Freusburg und Friedewald ging, da es sich ausgezeichnet zum Frischprocess (nicht zur Giesserei) eignete, nur auf Hammerwerke und zwar grösstentheils nach der Grafschaft Mark, zum Theil auch in das Herzogthum Westphalen und das Siegensche, zu einem kleinen Theile in das Gimborn-Neustädtische und in die Grafschaft Limburg. Die Hauptabsatzstrasse nach der Grafschaft Mark kam aus dem Freien Grunde (Grund Seel- und Burbach), durchzog das Amt Freusburg und führte durch das Hatzfeld'sche Gebiet auf Drolshagen im Herzogthum Westphalen zu.

Neben den Roheisenhütten entstanden im Saynischen auch Hammerwerke auf Grund landesherrlicher Concessionen. Als aber die Kohlenpreise zu sehr stiegen und die Konkurrenz der Siegener Hammerschmiede mehr hervortrat, verschwanden die meisten Hammerwerke wieder. Es gab früher einen Hammer bei Daaden, einen Hammer auf der Schneisbach zwischen Daaden und Biersdorf, einen seinem Standorte nach unbekannten sogen. Oberamtmanns-Hammer, einen Hammer bei Kirchen an der Asdorf, wo heute Kirchnerhütte liegt, einen Hammer bei Elben und einen Hammer bei Fischbach, der aber nicht mit demjenigen bei der Fischbacherhütte identisch ist. Am Ende des 18. Jahrhunderts existirte aber nur noch je ein Stabhammer bei Schutzbach, bei Niederdreisbacherhütte und (früher Raffinirhammer) bei der Fischbacherhütte, und von diesen besteht jetzt nur noch der letztgenannte. Seit vier Jahren ist das an Stelle des Mudersbacher Hochofens angelegte Hammerwerk hinzugetreten.

Obwohl dem Eisensteinbergbau die erhöhte Produktion der Hüttenwerke zu Gute kam, blieb derselbe im Allgemeinen doch hart bedrückt, da das Erzausfuhrverbot mit unbedeutenden Ausnahmen fortbestand und in der Hüttenordnung von 1742 mit strenger Strafe bedroht war. Der Betrieb fand nach wie vor hauptsächlich auf den Brauneisenstein fördernden Gruben statt, unter welchen die Grube Hollertszug die wichtigste blieb. Daneben waren im Amte Freusburg noch von Bedeutung die Gruben Bollnbach, Stahlert, Guldenhardt, Waldstolln, Kuhlenwald, Venus und Zeche, und im Amte Friedewald die später unter dem Namen Ohligerzug konsolidirten Spezialfelder sowie die Gruben Florz, Füsseberg und Glaskopf. Im Ganzen gab es in den Aemtern Freusburg und Friedewald im Jahre 1780 125 beliehene bezw. auf Muthung bauende Eisenerzgruben.

Seit dem Uebergange vom Tagebau zur künstlichen Lösung der Gruben durch Stollen hatte man als Abbausystem den Strossenbau eingeführt. Derselbe erforderte aber, namentlich auf den mächtigen Eisenerzgängen, das Stehenlassen vieler Erzpfeiler und zwar nicht allein zum Schutze der Schächte und Strecken, sondern auch zum Schutze der Arbeiter, da das mit dem Erze einbrechende taube Gestein zum Versatze der ausgewonnenen Räume nicht ausreichte. Man liess Erzpfeiler („Schweben") von 1 bis $1^1/_2$ Lachter Stärke und Länge in Entfernungen von 4 bis 5 Lachtern von oben nach unten und in gleicher seitlicher Entfernung von einander stehen. Von der Erzmasse ging durch diese Pfeiler ein Viertel, ja oft ein Drittel verloren, und dennoch erforderte der Abbau noch vieles Holz.

Erst gegen Ende des 18. Jahrhunderts ging man zum Firstenbau und noch weit später zur Verlegung der Hauptförderstrecke in das Nebengestein über.

Wo das neben dem Eisenstein einbrechende Kupfererz hauptsächlich Gegenstand des Bergbaues war, richtete man schon seit der Mitte des 18. Jahrhunderts Tiefbauanlagen mit Wasserkünsten ein, nachdem der Abbau über den Stollen beendigt war. Im 19. Jahrhundert begann man mit derartigen Tiefbauanlagen auch auf einzelnen Eisensteingruben, wie z. B. auf den Gruben Guldenhardt, Stahlert und Bollnbach; indess drückte das geringe Gefälle, verbunden mit häufigem Wassermangel, die Leistung der ohnehin nicht kräftigen hydraulischen Motoren sehr herab.

Im 19. Jahrhundert, nach dem Uebergange der Grafschaft Sayn-Altenkirchen an Preussen, trat in dem Eisenerzbergbaue der wichtigste Wendepunkt ein; das Erzausfuhrverbot, dessen Druck dieser Bergbau 440 Jahre lang zu tragen hatte, wurde durch das den freien Verkehr zwischen den Provinzen des Staates schaffende Gesetz vom 26. Mai 1818 beseitigt. Allerdings beschränkte noch das Repartitionsverfahren eine beliebige Verwendung des Eisensteins seitens der Produzenten; da sie indess wenigstens den Rest ihrer Produktion, der nach Befriedigung des Bedarfes der Saynischen Hütten übrig blieb, nach auswärts unbeschränkt absetzen durften, und der Eisenstein von den auswärtigen Hütten in steigendem Grade gesucht wurde, so war für die Erhöhung der Produktion und für die Erwerbung neuer Gruben doch schon eine grosse Anregung gegeben. Die Produktion stieg von Jahr zu Jahr.

Bald musste auch der Repartitionsverband den veränderten Zeitverhältnissen weichen. Die Grubenbesitzer, welche auf den Widerspruch desselben mit dem Gesetze vom 26. Mai 1818 hinwiesen, führten nach vergeblichem Versuche, den Verband auf dem administrativen Wege zu beseitigen, dessen Auflösung durch Richterspruch im Jahre 1828 herbei, welche dann auch von der Bergbehörde genehmigt wurde.

Nunmehr vom alten Drucke vollständig befreit, entwickelte sich die Produktion der Gruben immer lebhafter, zumal in den nachfolgenden Dezennien Verhältnisse eintraten, welche die Eisenindustrie noch mehr begünstigten.

Die Verwendung von Koks bei der Darstellung des Roheisens nahm mehr und mehr zu. Von der zuerst eingeführten Mischung mit Holzkohle ging man später zur alleinigen Verwendung von Koks über und zwar in dem Masse, als die Kokspreise sanken und die Holzkohlenpreise stiegen und als in der Darstellung des Roheisens, ja sogar des Spiegeleisens bei ausschliesslicher Benutzung des neuen Brennstoffes bessere Resultate erzielt wurden. Vermehrte sich hierdurch schon auf den alten Hüttenwerken die Produktion und damit der Eisenerzbedarf, da dieselben bei dem oft eintretenden Mangel an Holzkohle diesen durch Koks ersetzen konnten, so entstanden, nachdem inzwischen die Gewerbefreiheit durch die Gewerbeordnung von 1845 eingeführt war, wie ausserhalb der Grafschaft Sayn-Altenkirchen, so auch innerhalb derselben neue Hohofenanlagen für alleinige Verwendung von Koks, auf welche die alten Saynischen Landesgesetze, deren Verbot lediglich die Anlage neuer Holzkohlenhütten betraf, keine Anwendung finden konnten.

Gegenüber der Entwickelung des Eisensteinbergbaues blieb der Bergbau auf Kupfererze von untergeordneter Bedeutung. Nur im 18. Jahrhundert erlangte derselbe bei den damals hohen Kupferpreisen eine etwas grössere Ausdehnung. Bis zum Jahre 1780 wurden im Amte Friedewald 22 und im Amte Freusburg 12 Kupfererzgruben gemuthet und verliehen. Von ersteren waren die bedeutendsten Alte Kupferkante, Ramberg und Gelegenheit bei Niederdreisbach, Alte Mahlscheid bei Herdorf, Unterster & Oberster Füsseberg sowie Glückshafen bei Biersdorf und Käusersteimel bei Kausen, von den Freusburger Gruben Blumengarten am Giebelwald.

Die Verhüttung der Kupfererze geschah auf den beiden landesherrschaftlichen Hütten bei Alsdorf und Daaden, an deren Stelle später eine einzige neue Hütte bei Daaden trat. Hier wurde den Kupfererzgruben die Verhüttung ihrer Produkte gegen einen mässigen Zins überlassen; mit Ausnahme der Holzkohlen, deren Bedarf jährlich festgestellt und ihnen gegen den Marktpreis zugewiesen wurde, hatten sie alle Materialien selbst zu beschaffen; das gewonnene Kupfer konnte ausgeführt werden. Wie gering die Kupfererzgewinnung war, zeigt die Notiz, dass während der Blüthe derselben zu Ende des vorigen Jahrhunderts jährlich nur c. 500 Ctr. Erz an beide Hütten abgeliefert wurden.

Nach Eingang der Alsdorfer Hütte wurde den entfernt von Daaden liegenden Freusburger Gruben auch der Export der Kupfererze gegen eine geringe Abgabe zur Entschädigung der Daadener Hütte für den ausfallenden Hüttenzins gestattet.

Im Anfange des neunzehnten Jahrhunderts kam die Kupfererzgewinnung fast ganz zum Erliegen, und seitdem schränkte auch die Daadener Hütte ihren Betrieb mehr und mehr ein. Im Jahre 1833 verkaufte der Staat die Hütte an Private, welche sie mit schwachem Betriebe noch bis in das letztvergangene Jahrzehnt bestehen liessen.

Die Einstellung der Kupfererzgruben wurde, nachdem man mit Hülfe von Wasserkünsten auf der Grube Ramberg 80 m und auf der Grube Alte Mahlscheid 40 m unter deren tiefste Stollen vorgedrungen war, durch den Mangel an stärkeren Maschinen für Tiefbauanlagen, vorzugsweise aber dadurch veranlasst, dass die Kupferpreise, welche erst neuerdings wieder eine Besserung erfahren haben, im Vergleich mit früheren Jahrzehnten stark gesunken waren.

VIII. Produktion des Bergbaues.

Ueber die Produktion der Montanindustrie beginnen die bis jetzt aufbewahrten genaueren Angaben ungefähr mit dem Anfange dieses Jahrhunderts. Vorwiegend ist an derselben der Bergbau und zwar der Eisensteinbergbau, sodann in zweiter Linie der Eisenhüttenbetrieb betheiligt.

A. Eisensteinbergbau.

Nach dem mehrfach citirten Werke von Cramer schätzt derselbe den jährlichen Eisensteinverbrauch in der Grafschaft Sayn-Altenkirchen am Ende des 18. Jahrhunderts auf 6600 Wagen (à 40 Ctr.) = 264 000 Ctr. im Werthe von c. 90 000 M., ein Quantum, welches wahrscheinlich zu $^5/_6$ aus Braun- und $^1/_6$ aus Spatheisenstein bestand. Diese Produktion wird schon lange vorher keine wesentlich andere gewesen sein, da der inländische Hüttenbetrieb in seiner Gesammtheit den von der Landesregierung befolgten Verwaltungsgrundsätzen gemäss keine bedeutende Verminderung oder Vergrösserung erfahren konnte. Auch wird sie in ungefähr gleichen Grenzen bis zur Aufhebung des Eisenstein-Ausfuhrverbotes im Jahre 1818 geblieben sein, da im Jahre 1817 nach einem Aufsatze des damaligen Bergreferendars, späteren Bergmeisters Stein über das Saynische Hüttenwesen 3 000 Wagen = 120 000 Ctr. Brauneisenstein und 1 500 Wagen = 60 000 Ctr. Spatheisenstein, zusammen 180 000 Ctr. Eisenstein von den inländischen Hütten verbraucht wurden, wozu noch kleine Posten für die Ausfuhr gekommen sein mögen.

Nach Abhebung des Ausfuhrverbotes und der im Jahre 1828 nachfolgenden Auflösung des Repartitionsverbandes der Hüttengewerken (s. oben S. 86) stieg die Eisensteinproduktion nunmehr schnell und namentlich in dem Masse, wie die Absatzwege vermehrt und verbessert wurden, und hat sich nach der vor etwa zwanzig Jahren erfolgten Herstellung der das Revier mit den Hauptabsatzmärkten in Rheinland-Westphalen verbindenden Eisenbahnen fast sprungweise gehoben.

Die Gestaltung der Produktion zeigt folgende Tabelle:

Jahr	Brauneisenstein		Rotheisenstein		Spatheisenstein		Zusammen	
	Menge Ctr.	Werth *M.*	Menge Ctr.	Werth *M.*	Menge Ctr.	Werth *M.*	Menge Ctr.	Werth *M.*
1828[1])	127 534	58 385	—	—	86 609	30 129	214 143	88 514
1838	107 482	55 122	—	—	78 239	26 331	185 721	81 453
1840	159 968	76 340	—	—	185 531	61 423	345 499	137 763
1841	169 020	80 963	—	—	187 737	63 332	356 757	144 295
1842	173 800	83 672	—	—	191 139	65 100	364 939	148 772
1843	150 891	66 681	—	—	127 820	38 967	278 711	105 648
1844	153 058	68 244	—	—	149 431	45 709	302 489	114 953
1845	161 856	72 096	—	—	163 378	50 722	325 234	122 818
1846	208 642	100 826	—	—	208 861	69 202	417 503	170 028
1847	242 164	112 422	—	—	207 113	66 737	449 277	179 159
1848	212 263	84 966	—	—	192 832	47 377	405 093	132 343
1849	223 121	91 055	—	—	206 660	53 536	429 781	144 681
1850	249 955	106 250	—	—	226 592	60 196	476 547	166 446
1851	283 557	114 127	—	—	224 234	56 055	507 891	170 128
1852	251 669	100 269	25 370	7 683	232 551	59 742	513 590	167 694
1853	283 251	123 477	28 210	8 913	280 583	78 849	592 044	211 239
1854	364 162	168 441	66 410	22 206	454 161	125 964	884 733	316 611
1855	423 943	213 438	60 640	22 629	501 302	142 197	985 980	378 264
1856	396 878	206 013	90 000	34 329	534 650	154 767	1 021 528	395 109
1857	379 886	206 652	95 700	39 621	510 394	160 536	985 980	406 809
1858	319 456	187 074	52 700	22 958	435 713	152 244	807 869	362 276
1859	300 499	173 772	39 840	16 311	381 895	119 081	722 234	309 164
1860	266 668	142 284	34 610	13 674	334 802	88 709	636 080	244 667
1861	294 394	155 442	52 410	19 161	591 592	129 150	938 396	333 753
1862	502 643	278 151	145 660	52 413	1 555 399	312 651	2 253 692	643 215
1863	806 492	336 789	154 210	64 569	1 398 960	443 997	2 349 662	845 351
1864	736 063	412 583	230 510	112 455	1 738 381	623 136	2 704 954	1 148 175
1865	856 112	558 524	331 280	211 326	1 943 693	978 043	3 131 085	1 747 993
1866	741 529	484 779	311 240	189 102	1 793 679	1 045 533	2 846 448	1 719 414
1867	814 492	473 562	277 420	160 458	2 547 255	1 256 061	3 639 167	1 890 081
1868	878 190	496 302	295 610	153 936	2 804 897	1 407 699	3 978 697	2 077 937
1869	811 342	504 681	344 223	213 360	2 742 292	1 655 670	3 897 857	2 373 711
1870	685 548	462 840	400 771	241 806	2 731 087	1 898 316	3 817 406	2 602 962
1871	714 291	571 557	393 441	317 424	3 225 821	2 881 539	4 333 553	4 770 520
1872	911 229	851 544	300 581	374 620	3 782 608	3 731 691	4 994 418	4 857 905
1873	1 467 845	1 176 407	191 493	162 099	3 750 522	3 334 780	5 409 860	4 683 331
1874	1 228 410	829 678	152 147	71 007	2 903 213	1 890 035	4 283 770	2 790 720
1875	1 279 139	815 811	141 394	85 308	3 256 527	1 966 469	4 677 060	2 867 588
1876	1 207 392	718 205	261 771	150 840	3 450 074	1 873 748	4 919 237	2 742 783
1877	1 033 399	831 301	588 128	329 729	3 585 149	1 810 388	5 206 676	2 777 018
1878	1 221 372	761 575	667 048	372 787	4 209 623	2 181 208	6 098 043	3 315 570
1879	1 016 651	556 511	774 408	427 402	4 675 788	2 327 373	6 466 847	3 311 286
1880	1 275 822	784 076	924 776	424 740	5 455 000	2 835 826	7 655 598	3 044 642

1) Die Jahre 1828 und 1838 umfassen nur die Produktion des vormaligen Reviers Daaden.

Von wie grosser Wichtigkeit für die Produktion die Erleichterung der Eisensteinausfuhr durch die im Jahre 1862 hergestellten Eisenbahnverbindungen wurde, geht daraus hervor, dass in jenem Jahre gegen das vorhergehende Jahr 1861 die Produktion sich plötzlich verdoppelt und dann in beschleunigter Progression von Jahr zu Jahr zugenommen hat. Dies vermochte selbst die nach 1873 hereinbrechende, namentlich auch die Eisenindustrie herabdrückende Krisis nicht zu hemmen, deren tief schädigender Einfluss sich andererseits in einem solchen Rückgange der Eisenerzpreise zeigte, dass der Werth der Produktion im Jahre 1878 noch unter den Stand des Jahres 1870 sank, obwohl die Produktionsmenge seitdem um 78% gestiegen war.

B. Bergbau auf sonstige Erze.

An sonstigen Erzen hat das Revier geliefert:

Jahr	Kupfererze		Bleierze		Zinkerze		Nickelerze		Kobalterze		Schwefelkies	
	Ctr.	M.	Ctr.	M.	Ctr.	M.	Ctr.	M.	Ctr.	M.	Ctr.	M.
1841	168	802	492	3 869	—	—	—	—	405	3 243	—	—
1842	314	988	478	3 846	—	—	—	—	750	5 229	—	—
1843	587	1 622	396	2 205	—	—	—	—	637	3 845	—	—
1844	290	1 090	275	2 048	—	—	—	—	542	4 341	—	—
1845	728	1 971	580	3 350	—	—	—	—	251	6 408	103	24
1846	825	1 659	720	6 388	—	—	—	—	63	726	—	—
1847	1 123	3 330	522	3 938	—	—	—	—	53	7 564	—	—
1848	1 846	2 962	419	3 460	—	—	—	—	17	3 532	—	—
1849	2 767	19 199	550	3 746	—	—	—	—	5	800	—	—
1850	2 641	13 663	—	—	—	—	—	—	—	—	—	—
1851	2 321	12 568	315	1 104	—	—	—	—	1 037	2 196	—	—
1852	2 498	15 732	67	384	—	—	—	—	12	1 839	—	—
1853	2 147	10 601	635	3 318	—	—	—	—	—	—	—	—
1854	1 845	7 826	5 516	38 880	80	80	102	345	—	—	—	—
1855	3 307	26 414	3 785	39 171	—	—	—	—	3	474	—	—
1856	5 141	25 536	3 389	32 112	254	254	—	—	24	1 215	—	—
1857	3 804	21 053	10 312	97 968	—	—	—	—	—	—	—	—
1858	2 182	13 419	17 225	126 699	—	—	—	—	—	—	—	—
1859	2 543	13 062	19 923	121 557	429	600	—	—	—	—	—	—
1860	2 977	15 375	14 764	90 390	300	420	23	699	—	—	1 636	888
1861	2 574	10 959	13 686	85 126	—	—	2	48	—	—	158	75
1862	4 824	22 044	11 360	72 605	154	154	7	129	—	—	400	159
1863	10 198	34 941	21 218	116 748	210	210	25	513	—	—	—	—
1864	10 171	32 565	22 802	119 670	245	207	18	810	—	—	100	48
1865	11 071	39 636	22 689	119 091	—	—	7	272	—	—	—	—
1866	6 990	22 272	28 237	148 641	1 599	2 403	30	360	—	—	140	57
1867	5 483	12 558	34 124	167 279	1 985	2 827	—	—	—	—	386	154
1868	5 476	10 476	26 174	156 033	1 804	4 155	—	—	—	—	—	—
1869	7 527	16 008	22 859	139 938	1 641	3 693	89	2 979	—	—	—	—
1870	3 954	6 951	18 073	116 547	713	1 662	11	357	—	—	—	—
1871	3 056	8 679	10 852	70 542	1 438	3 954	—	—	—	—	595	357
1872	3 965	8 916	9 386	60 348	613	1 629	10	300	—	—	125	75
1873	4 166	10 455	9 385	61 488	637	1 785	—	—	—	—	208	93

Jahr	Kupfererze Ctr.	Kupfererze M.	Bleierze Ctr.	Bleierze M.	Zinkerze Ctr.	Zinkerze M.	Nickelerze Ctr.	Nickelerze M.	Kobalterze Ctr.	Kobalterze M.	Schwefelkies Ctr.	Schwefelkies M.
1874	5 053	13 676	7 886	58 824	240	609	2	60	14	204	—	—
1875	5 868	16 068	7 458	56 621	597	1 313	—	—	1	30	—	—
1876	4 789	13 206	6 314	48 194	171	513	—	—	—	—	—	—
1877	6 889	14 255	15 085	138 059	4 148	9 332	—	—	—	—	—	—
1878	9 884	16 531	12 436	101 020	9 036	18 875	20	10	—	—	—	—
1879	13 310	21 676	647	5 771	—	—	—	—	—	—	—	—
1880	13 920	20 885	2 680	11 853	300	453	—	—	—	—	—	—

Hiernach ist die Produktion von Blei- und Zinkerzen dem Erlöschen nahe, wogegen diejenige von Kupfererzen, welche nur noch als Nebenprodukt bei der Aufbereitung der Eisenerze gewonnen werden, in Folge der grossen Steigerung der Eisenerzförderung zugenommen hat.

Im Jahre 1880 waren, einschliesslich 4 Erbstollen, 130 Bergwerke in Betrieb und zwar 96 mit Produktion. Von letzteren hatten 43 combinirte Förderanlagen; die Gesammtzahl der Letzteren betrug 81.

Die betriebenen Werke hatten gangbare Schächte

zur	überhaupt	mit Fahrten	mit Fahreinrichtung am Seil	die grösste Tiefe betrug
Fahrung und Förderung	4	4	—	50 m
Fahrung, Förderung und Wasserhaltung	19	19	11	202 m
Wetterführung allein	6	6	—	70 m

Motoren waren auf diesen Werken vorhanden und bei dem Betriebe wirksam

1. Pferde zur Förderung in horizontalen Strecken 4 und in seigeren Schächten 2;
2. stationäre Dampfmaschinen zur

Schachtförderung über Tage Zahl	Schachtförderung über Tage Pfdk.	Schachtförderung unter Tage Zahl	Schachtförderung unter Tage Pfdk.	Wasserhaltung über Tage Zahl	Wasserhaltung über Tage Pfdk.	Wasserhaltung unter Tage Zahl	Wasserhaltung unter Tage Pfdk.	Förderung und Wasserhaltung über Tage Zahl	Förderung und Wasserhaltung über Tage Pfdk.	Förderung und Wasserhaltung unter Tage Zahl	Förderung und Wasserhaltung unter Tage Pfdk.	Comprimirung von Luft f. unter Tage arbeitende Maschinen Zahl	Comprimirung von Luft f. unter Tage arbeitende Maschinen Pferdekräfte	Erzaufbereitung über Tage Zahl	Erzaufbereitung über Tage Pferdekräfte
5	87	4	43	5	170	5	74	8	195	2	35	1	20	2	25

Zur horizontalen Förderung über Tage dienten ausserdem 2 Lokomobilen mit 40 Pferdekräften.

Die stationären Maschinen wurden durch 10 Dampfkessel unter und 32 Dampfkessel über Tage bedient. Arbeitsmaschinen zur Aufbereitung waren 2 Läuter- und Separationstrommeln mit 6 hydraulischen, continuirlich wirkenden Setzsieben vorhanden. Zum Rösten des Eisensteins bestanden auf den Gruben 62 Röstöfen.

C. Bergbau auf Braunkohlen.

Die von 1847 bis 1872 auf der Grube Adolphsburg bei Emmerzhausen stattgehabte Produktion von Braunkohlen (s. oben S. 30) ergab im ersten Jahre 1600 Ctr. im Werthe von 1100 M., stieg bis zum Jahre 1855 auf 28 023 Ctr. zum Werthe von 7 089 M., nahm dann aber allmählich wieder bis auf 1 994 Ctr. im Werthe von 702 M. im Jahre 1871 ab und erlosch dann, weil der Betrieb, namentlich wegen der Konkurrenz der Steinkohlen nicht mehr lohnend war.

D. Steinbruchsbetrieb.

Von den Dachschieferbrüchen (s. oben S. 8 u. 64) ist die Jahresproduktion auf demjenigen in der Grube Grundseifen 1000 bis 1500 m theils schablonirte, theils unschablonirte Dachschiefer, auf dem Bruche bei Alsdorf 200 bis 300 m und auf demjenigen bei der Eisensteingrube Venus c. 100 m.

Basalt (s. S. 17 u. 64) wurde im Jahre 1880 in einer Menge von 14 000 cbm gebrochen und zwar auf dem Steinrother Kopfe 11 000 cbm, der Steinbergerhöhe 2 000 cbm und dem Hohenseelbachskopfe 600 cbm. Dabei waren 96 Personen beschäftigt, und von diesen 85 auf dem Steinrother Kopfe, dessen Basalt namentlich auch zu Pflastersteinen verarbeitet wird.

Die frühere Gewinnung von Gestellsteinen für Hochöfen aus den quarzitischen Sandsteinen der Grauwackenformation am Hohenseelbachskopfe hat aufgehört, da der Bruch zu tief geworden ist und die zum tieferen Betriebe nöthige Wasserlösung zu kostspielig erscheint.

IX. Produktion der Hütten.

Die Produktion der Hüttenwerke umfasst seit Einstellung der vormals landesherrlichen Kupferhütte bei Daaden (s. oben S. 87), ausser der Produktion der Blei-, Silber- und Kupferhütte bei Niederfischbach blos diejenige des Eisenhüttenbetriebes und hiervon wieder, mit Ausnahme der beiden kleinen Hammerwerke bei Mudersbach und Fischbacherhütte, sowie des Puddel- und Blechwalzwerkes bei Wehbach, vorwiegend die Roheisendarstellung. So lange letztere bis zur Einführung des Betriebes mit Koks von der Zufuhr der Holzkohlen abhängig blieb, war sie an enge Schranken gebunden. Nach Stein (vergl. Aufsatz unter Nr. 30 der Literatur) betrug dieselbe im Jahre 1816 ungefähr 42 743 Ctr. Roh-(Goss-)Eisen und 8 286 Ctr. Spiegel-(Rohstahl-)Eisen im Werthe von ungefähr 235 088 M. für das Roheisen und 49 716 M. für das Spiegeleisen.

Diese Leistung hat der Hüttenbetrieb bis zur gedachten anderweitigen Brennstoffverwendung im vierten und fünften Dezennium dieses Jahrhunderts nur zuweilen unbedeutend überstiegen, später aber in kurzer Zeit weit überholt, nachdem man zu einer auch heute noch nicht ganz zum Abschluss gebrachten Vergrösserung der alten Hüttenwerke übergegangen und ein neuer Kokshochofen von fast den grössten Dimensionen der Neuzeit auf der Friedrichshütte bei Herdorf hinzugetreten war.

Die jetzt bestehenden Hüttenwerke sind folgende:

1. Die alten, oben S. 80 aufgeführten Hüttenwerke mit je einem Hochofen, mit Ausnahme der Mudersbacher Hütte, welche seit 1874 in ein Hammerwerk umgewandelt ist, also noch 9, die sämmtlich ihre Oefen mehr oder weniger vergrössert aber nicht vermehrt haben; ferner die im Jahre 1871 concessionirte und im Jahre 1874 in Betrieb gesetzte Friedrichshütte bei Herdorf mit einem Hochofen für Verwendung von Koks.

2. Das oben gedachte Mudersbacher Hammerwerk mit zwei Grobhämmern, das Hammerwerk bei Fischbacherhütte mit zwei Hämmern und das in den 40er Jahren errichtete Puddel- und Blechwalzwerk bei Wehbach im Asdorfthale mit vier Puddelöfen und Walzenstrassen.

Die Hochöfen verschmelzen fast nur Erze aus dem Reviere und zwar, da sie meistens ein graues oder halbirtes, zum Puddeln oder zum Bessemerprozess geeignetes Roheisen erblasen, vorzugsweise Brauneisenstein. Spatheisenstein und Eisenglanz werden hauptsächlich auf den mit stärkeren Gebläsen ausgerüsteten Hochöfen bei Herdorf, die wesentlich Spiegeleisen zu erblasen suchen, verwendet; auch wird auf diesen Werken den einheimischen Erzen noch nassauischer Rotheisenstein zugeschlagen. Den als Zuschlag dienenden Kalkstein bezieht man theils aus Nassau, theils aus Westphalen.

Jahr	Von den Hochöfen waren in Betrieb An-zahl	Monate	ausser Be-trieb An-zahl	verwendeten Koks	Holz-kohle	gemischten Brennstoff	Verarbeitete inländische Erze Ctr.	Produktion in Masseln Ctr.	Mittlere Belegschaft	Ernährte Ange-hörige
1871	9	61,5	—	1	1	7	726 092	317 744	146	375
1872	9	63,3	—	2	—	7	1 036 739	406 224	149	325
1873	9	74,8	—	2	1	6	1 072 386	451 043	145	380
1874	9 [1])	54,7	1	3	—	6	1 325 201	572 002	250	415
1875	10	78,8	—	3	1	6	1 801 128	713 414	265	452
1876	8 [2])	63,1	1	2	—	6	1 485 778	647 782	233	497
1877	8	60	1	2	—	6	1 314 300	592 622	238	500
1878	8	70	1	2	—	6	1 877 167	818 621	290	560
1879	8	80,8	1	2	—	6	2 072 911	1 197 148	244	520
1880	9 [3])	80,9	—	2	—	7	1 658 000	821 200	277	560

In neuester Zeit, seitdem der Puddelprozess durch den Bessemerprozess verdrängt ist und nach dem Thomas Gilchrist-Verfahren nunmehr auch das phosphorhaltigste Roheisen verwendbar wird, suchen die Hüttenwerke hauptsächlich Roheisen nicht mehr zum Verpuddeln, sondern zur Flusseisenbereitung, und zwar die Hüttenwerke mit grossen Oefen und starken Gebläsen Spiegeleisen, die alten Hüttenwerke mit den kleineren Oefen und schwächeren Gebläsen Bessemerroheisen darzustellen. Im Jahre 1880 bestand die Roheisenproduktion von 821 200 Ctr. aus ungefähr 300 000 Ctr. Spiegeleisen, welches auf der Friedrichshütte, der Seelenberger und der Niederscheldener Hütte dargestellt wurde, der andere Theil bis auf ein unbedeutendes Quantum Giessereiroheisen aus Roheisen zum Bessemer- und zum Puddelprozesse.

Die Produktion von Eisenfabrikaten auf dem Wehbacher Walzwerke und auf den Hammerwerken bei Mudersbach und Fischbacherhütte ergiebt sich aus nachfolgender Tabelle:

Jahr	Verarbeitet wurden Alteisen Ctr.	Luppen Ctr.	Roheisen Ctr.	Eisenfabrikate Schmiedestücke, Maschinentheile Ctr.	Schwarzblech Ctr.	Arbeiterzahl	Ernährte Angehörige
1871	—	—	30 000	—	20 000	80	150
1872	—	—	40 000	—	25 000	100	180
1873	—	—	60 000	—	30 700	101	169

1) Die Friedrichshütte tritt hinzu, die Fischbacher Hütte wird eingestellt.
2) Die Fischbacherhütte fällt ganz aus.
3) Die Alsdorfer Hütte wird wieder angeblasen.

Jahr	Verarbeitet wurden Alteisen Ctr.	Luppen Ctr.	Roheisen Ctr.	Eisenfabrikate Schmiedestücke, Maschinentheile Ctr.	Schwarzblech Ctr.	Arbeiterzahl	Ernährte Angehörige
1874	—	—	60 000	—	37 600	100	160
1875	100	1 745	75 000	1 685	42 000	121	212
1876	120	1 176	72 000	1 084	40 000	120	202
1877	710	—	73 800	605	41 000	122	202
1878	884	—	84 000	750	47 000	130	204
1879	510	1 180	90 000	1 380	50 000	118	240
1880	600	720	76 500	975	44 300	118	230

3. Die 1852 concessionirte und im folgenden Jahre in Betrieb gesetzte Blei-, Kupfer- und Silberhütte im Otterbachthale bei Niederfischbach, welche bis 1857 im Betriebe war, im letzteren Jahre aber vergrössert, unter dem Namen Victoriahütte neu concessionirt und sodann bis in's Jahr 1873 betrieben wurde, lieferte folgende Resultate:

Jahr	Verarbeitete Erze Ctr.	Produktion Blei Ctr.	Verkäufliche Bleiglätte Ctr.	Kupferstein Ctr.	Silber Pfd.	Mittlere Arbeiterzahl	Ernährte Angehörige
1871	10 800	2 034	1 930	1 107	516	38	72
1872	11 777	1 830	1 710	625	495	38	72
1873	4 537	540	1 760	526	249	18	44

X. Absatz- und Verkehrsverhältnisse.

So lange die Grafschaft Sayn-Altenkirchen in politischer Abgeschlossenheit bestand, war der Absatz der Eisenerze fast ganz auf den Bedarf der im Lande selbst gelegenen Hüttenwerke beschränkt. Erst nach Einverleibung der Grafschaft in das Preussische Gebiete, welcher die Aufhebung des Ausfuhrverbotes und später des Eisenstein-Repartitionsverbandes folgte (s. oben S. 86), konnte jener Absatz sich über die bisherigen Grenzen frei bewegen.

Bahnbrechend für den Absatz der Eisenerze wirkte der seit Jahrhunderten bestandene Handel mit dem aus Saynischen Erzen erblasenen Roheisen, welches vorzugsweise von den Hammerschmieden der Mark und des Siegerlandes, zum Theil auch von Nassauischen Hammerwerken gesucht wurde (S. 85). Die hohe Güte dieses Produktes hatte auch den Ruf der dazu verwendeten Erze begründet; dieselben fanden bald in den Gebieten, wo man jenes Roheisen verarbeitete, eine nicht minder günstige Aufnahme, wie die Siegenschen Eisenerze.

Schon im Jahre 1840 wurden von den damals geförderten 345 519 Ctr. Eisenerz c. 145 000 Ctr. ausserhalb des Reviers abgesetzt. Bis zum Jahre 1880 stieg der jährliche Eisenerzabsatz über die Grenzen des Reviers hinaus auf 80% der gesammten Eisenerzproduktion, wovon c. 68% nach Westphalen gehen. Der Eisenerzbergbau des Reviers hat daher seine heutige Ausdehnung vorzugsweise dem Absatze nach aussen zu verdanken.

In der ersten Zeit fand dieser Erzabsatz ein grosses Hinderniss in den mangelhaften Verkehrswegen, welche in die neuen Absatzgebiete von Betzdorf und Kirchen aus als Bergstrassen über die Rücken der Gebirge führten. Erst seitdem seitens des Staates die Chausseen von Kirchen nach Olpe, Siegen und Betzdorf, sowie von hier nach Coblenz und in das Nassauische gebaut waren, fielen die Hindernisse zum Theil weg; der Erzabsatz erreichte bis zum Jahre 1861 auf den neuen Strassen schon $^3/_4$ Millionen Centner. Allein mit der Eröffnung der Eisenbahnen im Jahre 1862 von Deutz nach Giessen und von Betzdorf nach Siegen unter Anschluss an die Bergisch-Märkische Bahn verdoppelte sich auf einmal der die Reviergrenze überschreitende Erzabsatz, steigerte sich noch schneller als zuvor und beharrt in der Zunahme bis zum heutigen Tage trotz des mächtigen Druckes der Krisis von 1873 und der Zunahme der Konkurrenz auf dem Weltmarkte, namentlich seitdem in Folge des neuen Entphosphorungsverfahrens bei der Flusseisenbereitung grosse Ablagerungen von phosphorhaltigen Eisenerzen verwendbar werden.

Ueber die Reviergrenzen hinaus wird von den Eisenerzen der Eisenglanz fast ganz und dann hauptsächlich der Spatheisenstein abgesetzt. Den Brauneisenstein verwenden dagegen grösstentheils die Hüttenwerke des Reviers, da derselbe zur Darstellung von Bessemer-, Puddel- und Giesserei-Roheisen und wegen seiner leichten Schmelzbarkeit für die auf der Mehrzahl dieser Werke noch bestehenden schwachen Gebläse am besten passt.

Das Verhältniss des Absatzes zur Produktion von Eisenerzen stellt sich folgendermassen:

Jahr	Eisenerz-Produktion Ctr.	Hiervon ging an die Hütten im Reviere Ctr.	Prozent der Förderung	über die Reviergrenze hinaus Ctr.	Prozent der Förderung
1869	3 897 915	869 724	22	3 028 191	78
1870	3 817 406	709 878	18	3 107 528	82
1871	4 331 180	753 092	17	3 578 088	83

Jahr	Eisenerz-Produktion Ctr.	Hiervon ging an die Hütten im Reviere Ctr.	Prozent der Förderung	über die Reviergrenze hinaus Ctr.	Prozent der Förderung
1872[1])	4 994 418	1 036 739	27	3 957 679	73
1873	5 411 860	1 064 386	20	4 347 474	80
1874[2])	4 283 770	1 325 201	31	2 958 569	69
1875	4 677 060	1 801 078	38	2 875 982	62
1876	4 919 237	1 585 778	32	3 333 459	68
1877	5 206 676	1 314 300	25	3 892 376	75
1878	6 089 043	1 877 167	31	4 211 876	69
1879	6 466 847	2 072 911	32	4 393 936	68
1880	7 655 598	1 658 000	21	5 997 598	79

Von dem auswärtigen Absatze kommen ungefähr $^5/_8$ auf Westphalen, $^1/_8$ auf die niederrheinischen und $^2/_8$ auf die Siegerländer Werke und die Hüttenwerke bei Wissen. In den Zeiten der hohen Eisenpreise ging auch ein kleiner Theil nach dem Elsass. Bei dem auswärtigen Absatze seit 1873 kommt wesentlich der Umstand in Betracht, dass die Firma Friedrich Krupp in Essen einen Theil der wichtigsten Gruben des Reviers angekauft hat und fast sämmtliche auf denselben gewonnenen Erze ihren Hüttenwerken am Rhein und in Westphalen zuführt.

Die Roheisenproduktion geht mit Ausnahme des geringen Bedarfes des Wehbacher Puddel- und Blechwalzwerks über die Reviergrenzen und zwar zu etwa 70 Prozent nach Westphalen, der Rest in's Siegerland und nach dem Rhein und als Spiegeleisen bis nach Elsass-Lothringen, Belgien, Frankreich und den Vereinigten Staaten von Nordamerika.

Das Wehbacher Werk, welches hauptsächlich dünne Bleche darstellt, findet seinen Absatz nur ausserhalb des Reviers. Die unbedeutenden Hammerwerke bei Mudersbach und Fischbacherhütte arbeiten meistens nur für den Absatz in ihrer nächsten Umgebung.

Wesentlich anders als die Produktionsquantitäten von Eisenerzen und Roheisen haben sich die Preise dieser Produkte gestaltet, und zwar loco Bahnhof Betzdorf pro 100 Ctr. im Durchschnitt ungefähr folgendermassen:

1) 3 alte Hochöfen waren vergrössert worden.

2) Der neue Kokshochofen der Friedrichshütte für 1200 Ctr. täglicher Produktion kam in Betrieb.

Jahr	Braun-eisenstein M.	Eisen-glanz M.	Spath-eisenstein M.	Jahr	Braun-eisenstein M.	Eisen-glanz M.	Spath-eisenstein M.
1862	64	50	33,55	1872	104,11	125	108,05
1863	72,19	60	48,32	1873	108,25	120	107,12
1864	77,65	65	48,17	1874	85	90	80,75
1865	88,54	80	67,05	1875	85	86	69,62
1866	64,79	70	64,15	1876	73,63	78	65,75
1867	77,56	78	59,95	1877	71,50	71	58,75
1868	67,96	68	57,12	1878	64	65	54
1869	79	80	64,43	1879 I./III. Q.	52	60	35
1870	83,86	98	75,25	1879 IV. Q.	80	90	65
1871	86,50	100	86,50	1880	70	85	60

Die Roheisenpreise standen für das meistens nur erblasene melirte Roheisen zum Frischprozess pro 1000 kg loco Werk

1860:	91,50 M.	1874:	82 M.
1862:	82,50 „	1876:	66 „
1864:	83 „	1878:	60 „
1866:	75 „	1879 I./III. Quart.:	60 „
1868:	69 „	1879 IV. Quart.:	80 „
1870:	100 „	1880:	70 „
1872:	120 „		

Die im Reviere produzirten Kupfererze wurden, so lange der Staat die Kupferhütte in Daaden unterhielt, meistens auf dieser zu Gute gemacht und nur zum Theile und zwar von den von Daaden zu entfernt gelegenen Gruben anderweitig verkauft. Nach Verkauf jener Hütte wurden die Kupfererze meistens an die inzwischen im Kunster Thale bei Struthütten entstandene Kupferschmelzhütte, die Kunster Metallhütte, abgeführt und dort zu Rosetten- und später zu Gusskupfer verarbeitet. Vom Jahre 1852 ab kaufte auch die Victoriahütte bei Niederfischbach, welche hauptsächlich die Blei- und Kupfererze der dortigen, ihrem Besitzer gehörigen Gruben verschmelzen sollte, viele sonstigen Kupfererze aus dem Reviere auf, bis sie im Jahre 1873 wieder zum Erliegen kam.

Die Bleierze, soweit sie nicht auf der Victoriahütte in jener Betriebsperiode verarbeitet wurden, sowie die Fahl-, Zink-, Nickel- und Kobalterze fanden sämmtlich ausserhalb des Revieres Verwerthung.

Die Braunkohlen der Grube Adolphsburg bei Emmerzhausen konnten wegen der Konkurrenz der Steinkohle nur in der nächsten Umgebung zu dem die Gewinnungskosten sehr wenig übersteigenden Preise von 40 Pf. pro Ctr. Absatz finden.

Die das Revier durchziehende Deutz-Giessener Eisenbahn mit ihrer Zweigbahn Betzdorf-Siegen wurde seit der Eröffnung im Jahre 1862 die Hauptverkehrsstrasse. Die Ausfuhr der Produkte der Montanindustrie aus dem Reviere besorgt diese Bahn fast allein. Zu den Bahnstationen des Reviers gehört zunächst die bevölkertste Ortschaft des Reviers, Herdorf, um welche sich der Bergbau und Hüttenbetrieb am meisten concentrirt hat. Nächst dieser ist Betzdorf die verkehrreichste Station in Folge ihrer Lage am Vereinigungspunkte der Zweigbahn nach Siegen mit der Hauptbahn. Zwischen beiden Stationen ist die Güterladestelle bei Grünebacherhütte eingeschoben, namentlich in Rücksicht auf die nicht unerhebliche Montanindustrie des dort ausmündenden Daadenthales, in welchem von der Kreisverwaltung eine Landstrasse angelegt worden ist. Eine ähnliche Ladestelle wird westlich von Betzdorf bei Scheuerfeld für den Bahnverkehr der Gruben bei Steinebach errichtet, welche durch die weiter unten erwähnte Grubenbahn im Elbbachthale mit der Hauptbahn verbunden werden soll.

Zur Station Herdorf liefern ihre Produkte die dortigen drei Hochöfen, dann sämmtliche an beiden Gehängen des Hellerthales von der östlichen Reviergrenze bis zum Tiefen Königsstollen bei Sassenroth gelegene Gruben, ferner die im Dermbacher und Sottersbacher Thale gelegenen Gruben, soweit die Erze nicht auf jene Hütten gefahren werden. Zur Ladestelle bei Grünebach gehen die Erze der übrigen Gruben im Hellerthale und in dessen Nebenthälern zwischen Herdorf und Betzdorf, sowie die Produkte der im Daadenthale liegenden Biersdorfer und Niederdreisbacher Hütte. Auf der Station Betzdorf endlich kommen zum Versandt die Produkte der Gruben im Siegthale westlich von Betzdorf und der im Bürgermeistereibezirke Gebhardshain, südlich von Betzdorf, namentlich bei Steinebach und Dickendorf gelegenen Gruben.

Die Verbindung zwischen den Gruben, den Hüttenwerken und jenen drei Stationen vermittelt im Hellerthale vorzugsweise die chaussirte Provinzialstrasse, welche in diesem Thale neben der Bahn hin durch das ganze Revier geht und auch die Produktion aus dem Dermbacher und Salzbachthale aufnimmt, die auf einem chaussirten Communalwege herabkommt.

Die Gruben des Sottersbacher Thales sind mit der Station Herdorf durch eine schmalspurige Lokomotivbahn von 2 km Länge verbunden. Bei Anlage derselben haben der Bahnkörper pro km c. 30 000 M., 2 Lokomotiven 32 700 M. und der aus 24 Waggons bestehende Wagenpark 23 500 M. gekostet. Der Verbindungsweg von Betzdorf zu den Gruben von Steinebach, Steineberg, Kotzenroth, Dickendorf und Elkenroth ist ein nicht chaussirter, nur mit Steinschrot beschütteter, über Steineroth bis Elben zum Theil mit starken Neigungen angelegter Communalweg von 8 km Länge, der von den interessirten Gemeinden und Gruben nothdürftig unterhalten wird, und an welchen sich von Elben aus bis zum Centralhaldenplatze für die Gruben bei Steinebach ein von deren Besitzerin, Firma Fr. Krupp, angelegter chaussirter Weg von 2,5 km Länge anschliesst. Mit jenem Communalwege finden auf ähnlichen Wegen die Gruben bei Elkenroth und Kotzenroth über Elkenroth und die Gruben bei Dickendorf über Kausen ihre Verbindung bei Steinroth.

An der Zweigbahn von Betzdorf nach Siegen ist Niederschelden die frequenteste Station; zwischen ihr und der Station Kirchen ist ziemlich in der Mitte bei Brachbach eine Ladestelle eingerichtet. Nach Niederschelden führen ihre Produkte die Gruben an beiden Gehängen des Siegthales zwischen Niederschelden und dem 2 km westlich davon gelegenen Mudersbach, die Eisenhütte bei Niederschelden und die Hammerhütte bei Mudersbach. Nach der Ladestelle bei Brachbach gehen die Produkte des dortigen Hochofens sowie der Gruben am Südgehänge des Siegthales, von welchen die bedeutendsten und zwar die Gruben Kuhlenwalderzug, Langgrube, Zeche, Apfelbaum und Ecke sich einer schmalspurigen, von dem Besitzer der Grube Zeche angelegten Pferdebahn bedienen.

Nach der Station Kirchen werden die Produkte von den Hütten und Gruben im Asdorfthale auf der Strasse dieses Thales, ferner von den Gruben am Südabhange des Giebelwaldes auf der Strasse im Siegthale abgefahren. Beide von der Provinz unterhaltene Kunststrassen dienen überhaupt dem Verkehr zwischen den Gruben, den Hütten und den Bahnstationen Kirchen und Niederschelden.

Hiernach ist für den Produktenabsatz und die Materialienzufuhr in Betreff der Gruben und Hütten im Allgemeinen ziemlich gut gesorgt. Eine Ausnahme machen noch die Gruben der Bürgermeisterei Gebhardshain, deren Verbindung mit der Bahn die erwähnte mangelhafte Strasse von Betzdorf über Steinroth nach Elben bildet. Ein Ersatz steht jedoch durch die seitens der Grubenverwaltung der Firma Fr. Krupp in Essen bereits in Bau genommene schmalspurige Lokomotivbahn in Aussicht. Dieselbe soll sich westlich von Betzdorf bei Scheuerfeld an die Deutz-Giessener Bahn anschliessen und in dem Elbbachthale, welches durch einen 200 m langen Tunnel mit dem Siegthale verbunden wird, sowie weiter in dem in das Elbbachthal mündenden Steinebachthale nach Steinebach geführt werden.

XI. Bergrechtliche Verhältnisse.

Obgleich nach dem oben S. 73 mitgetheilten Vertrage zwischen den Landesherren von Nassau und von Sayn vom 20. August 1478 schon damals die beiden wichtigsten Zweige der Montanindustrie, der Eisenhüttenbetrieb und der Eisenerzbergbau, im Saynischen in nicht unbedeutender Blüthe standen, so findet sich doch aus jener Zeit keine Urkunde über die bergrechtlichen Verhältnisse. Es lässt sich indess annehmen, dass die Saynische Landesregierung, nachdem durch die goldene Bulle von 1356 die von den Deutschen Landesherrn seit langer Zeit erhobenen Ansprüche auf das Bergregal gesetzlich anerkannt waren, schon frühzeitig von der Befugniss Gebrauch gemacht hat, den Bergbau und Hüttenbetrieb an landesherrliche Concession zu knüpfen und zwar wahrscheinlich schon vor 1570, in welchem Jahre nur noch formell die kaiserliche Belehnung des Grafen zu Sayn mit dem Bergregale ausgesprochen wurde. Hierfür spricht der Umstand, dass die Saynische Landesregierung, welche gemäss dem gedachten Vertrage die Vermehrung der Hüttenwerke und die Ausfuhr von Eisenstein und Holzkohlen verhindern wollte, in dem Bergregal das beste Mittel finden mochte, die Zahl der Hüttenanlagen und die Eisensteinproduktion zu begrenzen.

Im Uebrigen entwickelten sich die bergrechtlichen Verhältnisse im Saynischen unter der Herrschaft des gemeinen Bergrechts, dessen Gebräuche und Gewohnheiten zuerst am 17. April 1556 in der vom Grafen Sebastian zu Sayn erlassenen „Bergfreiheit“ oder Bergordnung, wenn auch nur unvollständig, zusammengestellt wurden.

Da die Montanindustrie des Landes in den Kriegswirren des 17. Jahrhunderts eher zurück als vorwärts schritt, und nach dem Aussterben des Mannesstammes der Grafen zu Sayn im Jahre 1608 deren Länderbesitz zerfiel und die einzelnen Theile häufig ihre Besitzer wechselten, so wird eine Anregung zur gesetzgeberischen Thätigkeit auf dem Gebiete des Bergrechts nicht vorhanden gewesen sein; wenigstens fehlen alle Zeugnisse hierfür. Erst in der zweiten Hälfte des 17. Jahrhunderts, als die von dem ehemaligen Besitzthum der Grafen zu Sayn durch Erbtheilung abgezweigte Grafschaft Sayn-Altenkirchen unter die starke Regierung des Herzoglich Sachsen-Eisenach-schen Hauses gelangte und die Montanindustrie wieder mehr Schutz und Gelegenheit zur Entfaltung fand, erwachte auch das Bedürfniss nach einer verbesserten Berggesetzgebung, welche endlich gegen Ende des Jahrhunderts durch Rezeption der Chursächsischen Bergordnung vom 12. Juni 1589 und der Chursächsischen Stollenordnung vom 12. Juni 1749 in's Leben trat.

Gleichzeitig wurde die staatliche Verwaltung des Berg- und Hüttenwesens günstiger gestaltet. Dieselbe lag bis dahin mehr in den Händen der allgemeinen Landesverwaltung, wurde nunmehr aber in der Lokalinstanz einem sachverständigen Techniker (der rühmlichst genannte Bergrath Johann Daniel Wagner war der erste) anvertraut, welchem die nöthigen technischen Unterbeamten unterstellt wurden, und der von der höchsten Landesverwaltung, der Hofkammer, resortirte. Sein Geschäftsbereich, über den in den 1730ger Jahren eine (bei Cramer, Vollständige Beschreibung des Berg-, Hütten- und Hammerwesens etc., Beilage 3 abgedruckte) Instruktion erlassen wurde, umfasste allmählich folgende Gegenstände: Leitung des Betriebes und Kontrolle des Haushalts- und Rechnungswesens auf Hütten und Gruben, Ausübung der gesammten, die letzteren betreffende Polizei, Annahme und Entlassung der Arbeiter und untersten Beamten, Bearbeitung des Muthungs-, Fristungs-, Vermessungs- und Freimachungswesens, Bearbeitung des die Gruben und Hütten betreffenden Steuer- und Abgabenwesens.

Neben den beiden Chursächsischen Gesetzen galten in der Grafschaft Sayn-Altenkirchen gemeinrechtliche Gebräuche und Gewohnheiten, sowie einzelne Landesverordnungen [1]).

Demgemäss wurde auch die Grösse der Grubenfelder, über welche in der Chursächsischen Bergordnung nichts bestimmt ist, observanzmässig festgesetzt. Der erste Finder erhielt eine Fundgrube zu 42 Lachter Länge und zwei Maassen, jede zu 28 Lachter Länge, mit der Vierung von $3^1/_2$ Lachter in's Hangende und ebensoviel in's Liegende. Ausnahmsweise scheint indessen im Westerwalde eine Vierung von 21 Lachtern in's Hangende und ebensoviel in's Liegende, ja sogar das Doppelte derselben vorgekommen zu sein, wie in einer Beschwerde der Gruben- und Hüttengewerken des Amtes Freusburg über Missbräuche beim Bergwesen aus dem Jahre 1781 mitgetheilt wird [2]). Bei Vermessung nach geviertem Felde wurde die Fundgrube zu 42 Lachter in's Geviert gerechnet.

Die Verleihung von Bergwerken und Hütten erfolgte sowohl an Alleinbesitzer, welche meistens Eigenlöhner waren, als auch an Gewerkschaften. Ausländer wurden dabei sehr selten zugelassen. Auch die Landesherrschaft betheiligte sich zuweilen mit Kuxen beim Bergbau auf Erze und trieb ausserdem die zur Förderung des Eisensteinbergbaues nöthigen grossen Revierstollen.

Von eigenthümlicher Art war die Verfassung der Hüttengewerkschaften. Dieselben konnten ihre Hütten nicht das ganze Jahr hindurch, sondern nur während einer bestimmten Anzahl von Tagen betreiben (s. oben S. 80), und der Betrieb fand nicht für gemeinschaftliche Rechnung statt, sondern wurde auf jeder Hütte in einer durch das Loos bestimmten Reihenfolge von den ein-

1) Scotti, Sammlung der Gesetze und Verordnungen der Grafschaft Sayn-Altenkirchen. Düsseldorf 1836. S. 595 ff. Brassert, Bergordnungen der Preussischen Lande. Köln 1858. Einl. S. XXXV.

2) Akten des K. Oberbergamts zu Bonn, betr. die Saynische Landeskommission zur Untersuchung des Berg- und Hüttenwesens. 1780—84.

zelnen Gewerken nach gewissen Zeitantheilen ausgeübt, und zwar für separate Rechnung, wobei jeder sein selbst beschafftes Material benutzte. Die Zeitantheile zerfielen in Tage und Stück (1/4-Tag) und gehörten wie die Kuxe eines Bergwerks zum unbeweglichen Vermögen. Sie konnten von jedem Hüttengewerken selbstständig verkauft und verpfändet werden und wurden in die Berggegenbücher eingetragen.

Unter den Nachfolgern des Sächsischen Regentenhauses erfolgten zwar bis zum Uebergange der Grafschaft Sayn-Altenkirchen an Preussen keine weiteren Reformen auf bergrechtlichem Gebiete, jedoch manche günstige Veränderungen in der Verwaltung des Berg- und Hüttenwesens, die in das bergrechtliche Gebiet hinübergriffen. So wurde unter dem Markgräflich Ansbach'schen Regentenstamme, welcher 1741 den Besitz der Grafschaft antrat, schon im Jahre 1744 die Lokalverwaltung des Berg- und Hüttenwesens, unter Erhebung zum Bergamte, mit der Jurisdiktion in Berg- und Hüttensachen und der Führung der Berggegenbücher betraut. Das Bergamt erhielt seinen Sitz in Daaden und siedelte 1805 nach Kirchen über, wo es bis 1815 bestand.

Ferner wurde durch die Hüttenordnung von 1742 das Eisenstein-Ausfuhrverbot gemildert (s. oben S. 81), was, wie aus der späteren Resolution des Markgrafen Alexander vom 31. Juli 1761 zu entnehmen ist, zur Folge hatte, dass die Bergwerksverleihungen nicht mehr, wie bis dahin, mit der Bestimmung: „jedoch soll und muss der Eisenstein im Lande consumirt und keiner ausser Landes verfahren werden“ [1]), sondern mit der Klausel ertheilt wurden, dass die landesherrliche Macht darüber vorbehalten werden müsse, „wie sie (die Grubengewerken) ihren winnenden Eisenstein veräussern dürfen und können“.

Auch gehörte zu den Verbesserungen in der Verwaltung die Einführung des S. 82 beschriebenen Eisenstein-Repartitionsverfahrens, welche 1760 zunächst für das Amt Freusburg erfolgte und später (1805) auf das Amt Friedewald ausgedehnt wurde. Damals bewährte sich dieses Verfahren für die eigenthümlichen Verhältnisse des Bergwerks- und Hüttenbetriebes, konnte sich aber freilich nicht mehr halten, nachdem die Grafschaft im Jahre 1815 mit Preussen vereinigt und in den freien Verkehr eingetreten war.

Seit dem Uebergange an Preussen, mit welchem Zeitpunkte auch die Funktionen des Bergamts zu Kirchen auf dasjenige zu Siegen übertragen wurden und einstweilen nur das Berggericht und die Führung der Berggegenbücher in Kirchen verblieb, nahm die Grafschaft an der allgemeinen Berggesetzgebung in Preussen Theil, welche, zuerst mit Novellen vorgehend, in dem Berggesetze vom 24. Juni 1865 ihren vorläufigen Abschluss fand.

Für das Revier wurden die von der Feldesumwandlung handelnden Bestimmungen des letztgenannten Gesetzes besonders wichtig. Die zahlreichen,

---

1) Verleihungsurkunde der Eisenerzgrube Rothezeche vom 7. Januar 1755.

nach allen Richtungen laufenden, meistens dicht beisammen liegenden und sich vielfach durchkreuzenden Erzgänge hatten ausserordentlich zahlreiche Verleihungen von bergordnungsmässigen kleinen Längenfeldern veranlasst, welche sich ebenso kreuzten, krümmten und veränderten, wie ihre Erzlagerstätten, und dadurch vielfach Kollisionen über das Eigenthumsrecht veranlassten oder befürchten liessen. Für diese Grubenfelder war daher die nach dem Berggesetze zugelassene Feldesumwandlung von grösster Wichtigkeit, wesshalb denn auch von dem gewährten Rechte ein ausgedehnter Gebrauch gemacht worden. Es konnten bis jetzt 442 Anträge auf Umwandlung gestreckter Felder in gevierte Felder nach § 215 des Gesetzes genehmigt werden.

Ausserdem ist nach §§ 41 ff. des Gesetzes auch bereits eine grosse Anzahl von Bergwerken konsolidirt worden, so dass hierdurch ebenfalls in erheblichem Umfange die Beseitigung befürchteter Feldesstreitigkeiten erreicht worden ist. Immerhin bleibt zu wünschen, dass beide Wege noch mehr benutzt werden, um auch das übrig gebliebene bedeutende Bergwerkseigenthum vor Kollisionen zu sichern.

Durch das Gesetz vom 30. Mai 1873 (Gesetzsammlung S. 287) über das Grundbuchwesen im Bezirke des vormaligen Justizsenats zu Ehrenbreitstein ist das Grundbuch- und Berghypothekenwesen im Reviere in diejenige Reform hineingezogen worden, deren Einführung in den beiden Gesetzen vom 5. Mai 1872 in Preussen begonnen und sich allmählich über den grössten Theil des Staates ausgedehnt hat. (Vergl. Brockhoff, Die Grundbuch- und Hypothekengesetze vom 5. Mai 1872, in besonderer Beziehung auf das Bergwerkseigenthum. Zeitschrift für Bergrecht Bd. XIV S. 330 ff.)

Bei dem Hüttenwesen bestehen die bereits oben S. 80 ff. geschilderten eigenthümlichen Berechtigungsverhältnisse bis auf den heutigen Tag für die einzelnen, mit Holzkohlen arbeitenden Hütten des Reviers fort. Dagegen ist die frühere ausschliessliche Gewerbeberechtigung dieser alten Werke durch die neuere Gewerbegesetzgebung beseitigt worden.

XII. Steuerverhältnisse.

Soweit sich dies feststellen lässt, ist ursprünglich der Zehnte von den geförderten Bergwerksprodukten in natura seitens des Staates erhoben worden. Von Belang war derselbe nur bei dem Eisensteinbergbau und hier so bedeutend, dass der Staat den Zehnteisenstein auf seiner eigenen Hütte bei Grünebach bis zu deren Verkaufe (1742) verschmolz, von welchem Zeitpunkt ab die

Käufer der Hütte diesen Eisenstein vertragsmässig gegen den Taxpreis übernehmen mussten.

Neben dem Zehnten bestanden nach der Chursächsischen Bergordnung vom 12. Juni 1589 noch das Quatembergeld, welches pro Woche $^{1}/_{2}$ Groschen von jeder betriebenen Zeche und 3 Pfennige von einer fristenden Zeche betrug, ferner dass Rezessgeld (Fristengeld) und mehrere andere, unwesentlichere Abgaben, wie Fahrgebühren, Gedingstufengelder, Taxations- und Gewichts- oder Maassvisitations-Gebühren und Revisionsgebühren, die ebenfalls an die Bergzehentkasse bezahlt wurden. Ueberdies hatten die in Ausbeute stehenden Gruben seit 1812 Gewerbesteuer und sämmtliche Gruben eine sehr mässige Grundsteuer zu zahlen.

Dagegen genossen die Kupfer-, Blei- und Kobalterzgruben der Grafschaft Sayn-Altenkirchen auf Grund des von dem Brandenburg-Onolzbach-Saynischen Administrationsraths-Collegium zu Onolzbach als damaliger Landesbehörde erlassenen sogen. Onolzbachschen Reskripts vom 17. Januar 1792 völlige Zehntfreiheit bis zum Freibau, so lange sie also am Jahresschlusse nach ihrem gesammten Vermögensstande (nicht nach dem Rechnungsabschlusse des einzelnen Jahres) mit Zubusse abschlossen [1]).

Als mit dem Gesetze über die Besteuerung der Bergwerke in den rechtsrheinischen Landestheilen vom 12. Mai 1851 die Ermässigung der Bergwerksabgaben und die Umgestaltung des Besteuerungssystems in Preussen eingeleitet wurde, nahm auch der Bergbau des Reviers an dieser schrittweisen Reform Theil. Das Onolzbachsche Reskript wurde indess durch jenes Gesetz nicht berührt, vielmehr bestand die Befreiung der im Sinne des Reskripts mit Zubusse abschliessenden Gruben in der Weise fort, dass dieselben nunmehr bis zum Freibau statt vom Zehnten vom Zwanzigsten befreit blieben. Dies änderte sich erst in Folge des Gesetzes, die Bergwerksabgaben betreffend, vom 20. Oktober 1862, welches im § 5 vom 1. Januar 1865 an alle seitherigen Befreiungen von der (gleichzeitig auf ein Prozent herabgesetzten) Bergwerksabgabe aufhob. Hierunter war auch die bedingte Abgabefreiheit des Onolzbachschen Reskripts begriffen.

Von besonders eingreifender Bedeutung war für das Revier die durch dasselbe Gesetz (§ 1) ausgesprochene, bereits am 1. Januar 1863 in's Leben getretene gänzliche Aufhebung der von den Eisenerzbergwerken an den Staat entrichteten Abgaben.

Von diesem Zeitpunkte ab warf im Revier nur noch die Blei-, Kupfer- und Zinkerzproduktion Bergwerksabgaben ab, da andere Erze in absetzbarer Menge nicht gewonnen wurden.

Hiernach ergaben sich seit dem Jahre 1851 folgende Beträge der Bergwerksabgaben:

---

1) Brassert, Bergordnung der Preussischen Lande. S. 346 Anm. **).

Jahr	Werth der Produktion ℳ	Abgaben ℳ	Jahr	Werth der Produktion ℳ	Abgaben ℳ
1851	189 302	2 064 [1])	1866	1 895 934	3 513
1852	169 291	1 776	1867	2 075 141	3 678
1853	229 230	1 976	1868	2 230 542	2 622
1854	368 526	5 858	1869	2 538 009	2 558
1855	423 380	6 094	1870	2 728 947	1 928
1856	459 660	1 239	1871	3 854 754	1 178
1857	531 543	4 981	1872	4 929 826	1 038
1858	526 713	7 164	1873	4 747 152	758
1859	448 054	5 744	1874	2 874 093	1 203
1860	356 211	3 040	1875	2 941 460	1 070
1861	435 594	6 236	1876	2 804 696	933
1862	750 344	6 084 [2])	1877	2 940 664	2 328
1863	1 059 045	3 360 [3])	1878	3 452 011	1 692
1864	1 297 851	2 163 [4])	1879	3 338 733	289
1865	1 957 558	3 417 [5])	1880	3 077 833	506

Die Tabelle zeigt, wie bedeutend der Bergbau des Revieres namentlich durch die Aufhebung der Steuer von Eisenerzen entlastet worden ist.

XIII. Arbeiterverhältnisse.

Noch zu Anfang dieses Jahrhunderts bestand in Folge der dem Eisenerzbergbau angelegten Fesseln die Verwaltungsvorschrift, dass in der Regel jeder Arbeiter nur in sechsstündiger Schicht von 6 bis 12 Uhr Morgens anzufahren hatte; ausnahmsweise wurden Doppelschichten und Accordarbeiten nur im tauben Gestein gewährt. Der Mann erhielt für die sechsstündige Schicht 18 bis 20 Kreuzer oder 67 Pfennige. Mit dem Aufschwunge des Eisensteinbergbaues, der nach Aufhebung des Ausfuhrverbotes seit 1818 durch

1) 5 Prozent (Zwanzigste) und 1 Prozent Aufsichtssteuer.

2) 4 Prozent und 1 Prozent Aufsichtssteuer.

3) 3 Prozent und 1 Prozent Aufsichtssteuer, Eintritt der Abgabenfreiheit des Eisenerzbergbaues.

4) 2 Prozent und 1 Prozent Aufsichtssteuer.

5) 1 Prozent und 1 Prozent Aufsichtssteuer.. Zugleich Aufhebung des Rezessgeldes von 1 Thaler pro Jahr.

den Eisensteinhandel über die Grenzen des Reviers hinaus eintrat, war auch für die Entwickelung der Arbeiterverhältnisse ein Wendepunkt gekommen. Dieselben besserten sich nun fast von Jahr zu Jahr. Um das Jahr 1803 waren nach Cramer in der Grafschaft Sayn-Altenkirchen 341 Bergleute und 78 Hüttenarbeiter beschäftigt. Im Jahre 1880 waren beschäftigt: beim Bergbau 4 128 Arbeiter mit 7 459 von ihnen zu ernährenden Angehörigen und beim Hüttenbetriebe 345 Arbeiter mit 870 solchen Angehörigen. Es fand also eine Vermehrung der Bergarbeiter um mehr als das 12fache, der Hüttenarbeiter um mehr als das 4fache statt. Die meisten Arbeiter wohnen im Reviere selbst. Von denselben hat die grössere Anzahl eine eigene Häuslichkeit, die in der Regel auch mit einer kleinen, auf das Halten einer Kuh oder Ziege und die Anfütterung von Schweinen berechneten Oekonomie verbunden ist. Die geringere Anzahl dieser Arbeiter ist bei den Familien ihrer Kameraden oder bei sonstigen Bürgern eingemiethet und giebt sich zum Theil ganz bei diesen in Kost, wofür pro Mann und Monat in dem letzten Jahrzehnt durchschnittlich 35 bis 38 M. bezahlt wurden.

Die nicht im Reviere selbst wohnenden Bergarbeiter kommen meistentheils aus der Provinz Hessen-Nassau, zum Theil auch aus den Revieren Hamm und Siegen I. Ein grosser Theil derselben nimmt in der Nähe der Gruben Kost und Logis, sucht nur am Sonnabend die eigene Häuslichkeit wieder auf und kehrt am Montag zur Arbeit zurück, was der an beiden Tagen zwischen Burbach, Betzdorf und Siegen für den Arbeiterverkehr besonders eingelegte Eisenbahnzug erleichtern soll.

Die starke Zunahme der Arbeiterbevölkerung auf dem kleinen Raume des Reviers, in einer Gegend, die der Zufuhr der meisten Nahrungsmittel von auswärts bedarf, hat das Steigen aller Lebensbedürfnisse zur nothwendigen Folge. Es stehen daher namentlich die Fleisch-, Butter- und Milchpreise, sowie die Wohnungsmiethen hoch.

Den Kosten der Lebensbedürfnisse entspricht im Allgemeinen auch die Steigerung der Arbeitslöhne. In den vierziger Jahren verdiente der Bergmann in zehnstündiger Schicht im Häuergedinge 2 M. Bis 1873 stieg dieser Lohn auf 4,50 M. und steht jetzt auf 2,70 bis 3 M. Der Tagelohn schwankte zwischen 1,50 M. im Jahre 1868, 3 M. im Jahre 1873 und 2 bis 2,50 M. im Jahre 1880.

Mit dem Arbeitslohne hat, mit Ausnahme der Zeit der höchsten Lohnsätze von 1872/73, im Allgemeinen auch die Arbeitsleistung zugenommen. Vertheilt man den Ertrag der Eisenerzproduktion auf die dabei beschäftigten Bergleute, so fallen auf einen Bergmann im Jahre 1855: 922 Ctr., 1865: 1 926 Ctr., 1868: 1 684 Ctr., 1869: 1 427 Ctr., 1870: 1 501 Ctr., 1871: 1 364 Ctr., 1872: 1 320 Ctr., 1873: 1 099 Ctr., 1874: 1 309 Ctr., 1875: 1 547 Ctr., 1876: 1 648 Ctr., 1877: 1 770 Ctr., 1878: 1 899 Ctr., 1879: 1 904 Ctr., 1880: 1 850 Ctr.

Dass in die Jahre 1872/73, die Zeit der höchsten Lohnsätze, nicht auch die höchsten Leistungen fallen, ist auf die damalige masslose Steigerung der Arbeitslöhne und die dadurch herbeigeführte nachtheilige Einwirkung auf den Arbeitstrieb der Arbeiter zurückzuführen. Die Zunahme der Arbeiterleistung ist zwar wesentlich durch die Verbesserungen im Betriebe der Gruben, namentlich auch durch die Einführung des Dynamits statt des Pulvers bei der Häuerarbeit gefördert worden; doch muss sie auch der besseren Ernährung der Arbeiter und der Zunahme ihrer Geschicklichkeit und Ausdauer mit zugeschrieben werden. In die nach 1873 eingetretene rückläufige Bewegung des Arbeitslohnes haben sich auch die Arbeiter im Revier zwar schwer, aber doch leichter gefunden, als die Arbeiter in anderen Industriegebieten, da sie in den Früchten ihres Grundbesitzes einigen Ersatz finden und durch die Bewirthschaftung von eigenem Grund und Boden an ein sparsames und regelmässiges Leben gewöhnt werden. Dies ist auch wesentlich der Grund, dass die Arbeiter im Reviere in Bezug auf sittliche Haltung sich im Allgemeinen eines guten Rufes erfreuen.

Auch der Gesundheitszustand der Arbeiterbevölkerung ist durchschnittlich günstig; ansteckende Krankheiten grassiren sehr selten. Die Bergleute bleiben meistens bis zum 50. Lebensjahre bei der Grubenarbeit, sind aber sehr häufig auch bis in das 60. und 70. Lebensjahr dienstfähig.

XIV. Unglücksfälle.

Der Erzbergbau erfordert im Reviere fast in jedem Jahre Opfer an Menschenleben, welche hauptsächlich durch Steinfall herbeigeführt werden.

Tödtliche Verunglückungen kamen vor:

Jahr	Unter Tage beschäftigte Belegschaft	Hiervon verunglückten überhaupt	durch Steinfall	pro 1000 der Belegschaft		Auf einen Unglücksfall kommt von der Jahresproduktion Ctr.
1861	1139	2	2	1,75	1,75	469 198
1862	1575	—	—	—	—	—
1863	1818	2	1	1,10	0,55	1 174 831
1864	1981	5	3	2,52	1,51	540 991

Jahr	Unter Tage beschäftigte Belegschaft	Hiervon verunglückten überhaupt	Hiervon verunglückten durch Steinfall	pro 1000 der Belegschaft		Auf einen Unglücksfall kommt von der Jahresproduktion Ctr.
1865	2307	4	2	1,73	0,87	782 771
1866	2340	2	2	0,85	0,85	1 423 224
1867	2432	6	6	2,47	2,47	606 528
1868	2734	1	1	0,36	0,36	3 978 697
1869	3004	1	—	0,33	—	3 897 857
1870	2746	10	3	3,64	1,82	384 015
1871	3269	6	4	1,84	1,22	724 916
1872	3914	18	4	4,59	1,02	278 257
1873	4137	6	2	1,45	0,48	904 376
1874	3417	3	1	0,88	0,29	1 432 322
1875	3153	7	5	2,22	1,59	670 140
1876	3117	5	3	1,64	0,96	986 102
1877	2567	3	1	1,13	0,38	1 735 558
1878	3400	6	3	1,77	0,88	1 021 566
1879	2712	4	2	1,48	0,74	1 620 203
1880	3255	4	2	1,23	0,61	1 918 128
Im Durchschn. d. Jahre 1861 bis 1879	2729	4,27	2,37	1,56	0,87	1 257 303
" " " " 1873 bis 1879	3220	4,86	2,43	1,38	0,69	1 195 754

Im ganzen Staate verunglückten beim Erzbergbau im Durchschnitt der Jahre 1861 bis 1879 auf 1000 Mann unter Tage beschäftigter Arbeiter 1,31 Mann; hiermit verglichen stellte sich also das Verhältniss der Verunglückungen im Reviere ungünstiger. Dies ist durch die hohe Zahl der Verunglückten im Jahre 1872 veranlasst, als damals auf der Eisensteingrube Bindweide bei Steinebach 14 Personen, Beamte und Arbeiter (darunter der damalige Königliche Revierbeamte Bergmeister Johann Schmidt[1]) an der Spitze einer Rettungsmannschaft zur Rettung von 6 bereits Verunglückten) durch plötzlichen Einbruch von Tagewassern aus alten Pingen in die unterirdischen Abbaue, umkamen. Scheidet man dieses Jahr als ein abnormes bei der Vergleichung aus, so stellt sich der Durchschnitt der Jahre 1873/79 im Vergleich zu den Unglücksfällen im ganzen Staate wie 1,38 zu 1,44, also günstiger. Noch günstiger ist die Verhältnisszahl des Jahres 1880.

Der Steinfall, d. h. die Ueberschüttung der Verunglückten von plötzlich hereinbrechenden Gesteinsmassen, wird namentlich beim Abbau veranlasst. Da die Ausfüllungsmasse der Gänge häufig von Klüften durchzogen ist, so

1) Geboren zu Heisberg im Kreise Siegen am 18. Juni 1814, seit Juni 1845 Revierbeamte für das Bergrevier Heller (Daaden).

lösen sich beim Betriebe grosse Gesteinsstücke zuweilen unvermuthet schnell von der Gangmasse los, ohne dass die dahinter liegende Kluft vorher durch das Auge oder durch das Gehör beim Abklopfen der Masse bemerkt werden konnte. Bei gehöriger Vorsicht würde trotzdem in der Regel ein Unglück vermieden werden, allein der Bergmann lässt dieselbe zu leicht ausser Acht und begiebt sich unbedacht in die Gefahr. Je mächtiger der Gang ist, desto leichter stürzen die durch Klüfte schon theilweise ausser Verband mit ihrer Umgebung gebrachten Gesteinsmassen herab und können um so eher Unfälle bei unvorsichtigen Arbeitern veranlassen, als die Arbeiterzahl im Allgemeinen mit der Gangmächtigkeit zunimmt.

Die auf andere Art als durch Steinfall veranlassten Verunglückungen mit tödtlichem Ausgange sind verhältnissmässig gering. Besonders erfreulich ist es, dass bis jetzt kein solcher Fall beim Fahren in den Schächten vorgekommen ist, trotzdem schon auf einer grösseren Anzahl der bedeutendsten Gruben die Seilfahrt mit der Fördermaschine eingeführt ist und die Schächte, in welchen auf Fahrten gefahren wird, sehr zahlreich sind.

Unglücksfälle, bei welchen mehrere Personen gleichzeitig das Leben verloren, sind zwar selten, aber doch dreimal in den letzten drei Jahrzehnten vorgekommen. Der traurigste und bedeutendste Fall dieser Art war der schon erwähnte im Jahre 1872. Bei dem zweiten Falle wurden im Jahre 1864 zwei Arbeiter auf der Grube Waldstolln gleichzeitig von hereinbrechendem Eisenstein beim Abbau getödtet. Der dritte Fall ereignete sich im Jahre 1870 auf der Grube Rosengarten in Folge einer Dynamitexplosion, bei welcher 6 Arbeiter ihr Leben verloren, und die dadurch herbeigeführt wurde, dass ein Arbeiter verbotswidrig einen Fülltrog mit Dynamitpatronen auf einen geheizten Ofen gestellt hatte.

Ausser den Verunglückungen mit tödtlichem Ausgange kommen jährlich schwere Verletzungen vor, welche ganze oder halbe Invalidität der Betroffenen herbeiführen, oft aber auch durch Wiederherstellung beseitigt werden.

XV. Einrichtungen zur Förderung des Wohles der Arbeiter.

1. Der Heller Knappschaftsverein.

Der Heller Knappschaftsverein umfasst ausser dem Bergreviere Daaden-Kirchen auch das angrenzende Revier Burbach und hat seinen Sitz in Herdorf. Ersteres führt dem Vereine den bei Weitem grössten Theil seiner Mitglieder zu. Der Verein wurde im Jahre 1857, als die Auflösung der Siegener Bezirks-Knappschaftskasse erfolgte, von dieser abgezweigt und mit der Knappschaft des Reviers Burbach verschmolzen. Das erste Statut des Vereins erhielt die ministerielle Genehmigung am 16. September 1857 und trat am 1. Oktober desselben Jahres in Kraft. Obschon dieses Statut mehrmals Abänderungen erfuhr und an seine Stelle das revidirte Statut vom 31. Oktober 1866 trat, welchem sodann das nebst einem Nachtrage vom 10. Juli 1879 noch heute geltende Statut vom 12. Oktober 1872 folgte, so sind doch die bei Bildung des Vereins aufgestellten Grundsätze in Bezug auf seine Zwecke und seine Verwaltung im Wesentlichen unverändert geblieben.

Hiernach sind alle auf den innerhalb des Vereinsbezirks gelegenen, unter der Aufsicht der Bergbehörde stehenden Bergwerken und Aufbereitungsanstalten beschäftigten Arbeiter und Werksbeamten, insofern sie die nach dem Statut zur Mitgliedschaft erforderlichen Eigenschaften besitzen, zum Eintritt in den Verein berechtigt und verpflichtet. Die Besitzer und Arbeiter der Hütten- und Puddelwerke, welche vor der Abzweigung dieser Werke vom Ressort der Bergbehörde bereits zum Vereine gehörten, sind unbeschadet des gesetzlichen Rechts, auf ihren gemeinschaftlichen Antrag auszuscheiden, auch ferner in dem Vereine geblieben.

Die Mitglieder des Vereins zerfallen in zwei Klassen, I. Klasse (Meistberechtigte) und II. Klasse (Minderberechtigte). Die Beiträge und die Ansprüche der Mitglieder sind hiernach verschieden. Der Vereinsvorstand ist befugt, die Beiträge der Mitglieder nach Bedürfniss zu erhöhen, vorausgesetzt, dass die Beiträge der Werksbesitzer nach wie vor mindestens 75 Prozent von denjenigen der Arbeiter betragen. Je nach dem Bedürfnisse der Kasse hat sich die Höhe der Arbeiterbeiträge schon öfter geändert; gegenwärtig zahlen monatlich die Meistberechtigten 1 M. 50 Pf., die Minderberechtigten 1 M. 20 Pf. Ausserdem fliessen noch zur Vereinskasse: Zinsen von ausgeliehenen Kapitalien und Nutzungen von Immobilien; gewisse Geldstrafen, sowie freiwillige Geschenke, Vermächtnisse und sonstige Zuwendungen.

Seinen meistberechtigten Mitgliedern gewährt der Verein:

1. in Krankheitsfällen freie Kur und Arznei für ihre Person;
2. einen Krankenlohn während der Dauer der ohne eigenes grobes Verschulden entstandenen Krankheit;

3. eine lebenslängliche Invalidenunterstützung bei einer ohne grobes Verschulden entstandenen Arbeitsunfähigkeit;
4. einen Beitrag zu den Begräbnisskosten;
5. eine Unterstützung der Wittwen auf Lebenszeit oder bis zur Wiederverheirathung;
6. eine Unterstützung zur Verpflegung und Erziehung der Waisen bis zum zurückgelegten vierzehnten Lebensjahre;
7. ausserordentliche Unterstützungen in besonderen Fällen nach näherer Bestimmung des Statuts.

Auf diese Wohlthaten mit Ausschluss des Krankenlohns haben auch die Invaliden Anspruch. Mitglieder der ersten Klasse, welche noch nicht volle drei Jahre dieser Klasse ununterbrochen angehören, haben indess auf die unter 3, 5 und 6 genannten Unterstützungen nur dann Anspruch, wenn sie ohne grobes Verschulden bei der Berufsarbeit verunglückt sind.

Die minderberechtigten Mitglieder haben nur Anspruch auf die unter 1, 2, 4 und 7 genannten und im Falle der Verunglückung bei der Arbeit auch auf die unter 3, 5 und 6 genannten Wohlthaten.

Der Verlust der Mitgliedschaft tritt namentlich ein, wenn die Beiträge länger als sechs Monate rückständig bleiben.

Mitglieder anderer Knappschaftsvereine werden unter Anrechnung der bereits erworbenen Dienstzeit übernommen, sofern der betreffende Verein den Mitgliedern des Heller Knappschaftsvereins eine gleiche Vergünstigung gewährt.

Der Verein wird unter der Aufsicht der Bergbehörde und unter Theilnahme von Knappschaftsältesten durch einen aus sechs Mitgliedern bestehenden Vorstand nach den Bestimmungen des Statuts verwaltet.

Der Heller Knappschaftsverein bekam bei seiner Bildung an Vermögen aus der Siegener Bezirks-Knappschaftskasse 6 788 Thlr. 6 Sgr. 6 Pf. und aus der Freiengründer (das Revier Burbach umfassenden) Knappschaftskasse 746 Thlr. 8 Sgr. 6 Pf., zusammen 7 534 Thlr. 15 Sgr. (22 603 M. 50 Pf.) und erhielt im Jahre 1872 als Geschenk von der Firma Daniel Stein sen. Sohn in Kirchen einen Fonds von 30 000 M. zur Unterstützung von verunglückten Vereinsgenossen und deren Hinterbliebenen. Am Schlusse des Jahres 1880 betrug das Vereinsvermögen 204 941 M. 39 Pf., davon zinsbar angelegt 192 675 M.

Die Kassenergebnisse des Vereins waren seit seinem Bestehen folgende:

		Einnahmen.							Ausgaben.											
Jahr	Zahl der Mitglieder am Jahresschluss	Laufende Beiträge der Mitglieder M.	Laufende Beiträge der Werksbesitzer M.	Eintrittsgelder M.	Geldstrafen M.	Kapitalzinsen und Nutzungen M.	Sonstige Einnahmen M.	Summa der Einnahmen M.	Für Gesundheitspflege: Kur- und Arznei-Kosten M.	Für Gesundheitspflege: Krankenlohn M.	Für Gesundheitspflege: zusammen M.	Laufende Unterstützungen: an Ganz- u. Halbinvaliden M.	Laufende Unterstützungen: an Wittwen- u. Waisen M.	Laufende Unterstützungen: zusammen M.	Ausserordentliche Unterstützungen: Begräbnisskosten M.	Ausserordentliche Unterstützungen: sonstige M.	für Verwaltung M.	sonstige Ausgaben M.	Summa der Ausgaben M.
1860	1417	16 190	6 699	—	127	1880	48	24 944	6 042	4 812	10 854	4 196	7 705	11 901	465	36	1585	701	25 542
1861	1613	16 711	7 255	—	25	1745	275	26 011	6 329	5 314	11 643	4 574	8 437	13 011	567	30	1326	425	27 002
1862	2208	19 924	13 471	108	48	1945	169	35 665	8 625	7 478	16 103	5 013	9 438	14 451	645	30	1326	680	33 235
1863	2380	21 606	14 906	297	139	1924	41	38 913	9 922	6 501	16 423	5 332	10 992	16 324	1212	90	1320	458	35 827
1864	3028	23 518	16 182	816	135	1886	455	42 992	12 140	6 813	18 953	5 707	11 742	17 449	885	120	1622	192	39 221
1865	3172	26 648	18 184	1764	160	2090	496	49 342	12 927	8 394	21 321	6 102	12 708	18 810	1086	131	1917	60	43 325
1866	3310	26 765	18 026	1179	191	2306	383	48 850	13 766	9 180	22 946	6 243	13 990	20 233	969	105	1902	194	46 349
1867	3520	29 270	20 394	1898	361	2358	270	54 551	14 249	8 757	23 006	6 606	15 008	21 614	1251	419	2685	189	49 164
1868	3530	30 194	20 818	1406	499	2452	126	55 495	13 625	9 299	22 924	6 760	15 618	22 378	837	318	2662	158	49 277
1869	3766	32 005	22 074	1782	358	2889	311	59 419	14 843	10 388	25 231	6 731	16 634	23 365	972	384	2966	208	53 126
1870	3635	31 090	21 442	1395	215	3044	429	57 615	16 422	11 953	28 375	7 304	18 150	25 454	1143	456	2643	462	58 533
1871	3780	32 798	22 954	1268	284	3555	904	61 763	16 226	10 430	26 656	8 028	19 189	27 217	1023	411	2851	354	58 512
1872	4266	43 742	30 437	1410	410	3885	229	80 113	21 221	13 459	34 680	8 011	21 964	29 975	1419	708	3875	872	71 529
1873	4437	58 504	40 682	390	611	5499	326	106 012	23 446	17 940	41 386	8 997	27 220	36 217	1416	864	4400	1015	85 298
1874	3573	53 787	35 147	—	716	4318	305	94 273	20 427	16 449	36 876	12 420	28 133	40 553	1197	1680	3986	562	84 854
1875	3864	50 327	33 117	—	835	6316	474	91 069	20 238	16 897	37 135	14 061	30 537	44 598	1203	1304	3804	987	89 031
1876	3767	50 050	33 324	—	823	6209	345	90 751	23 668	16 837	40 505	16 785	34 063	50 848	1440	1995	3940	592	99 320
1877	3742	56 585	37 926	—	1050	6126	352	102 039	20 743	14 280	35 023	17 671	36 875	54 546	1131	2119	3866	632	97 317
1878	4040	67 585	46 133	—	895	6353	353	121 319	22 307	15 038	37 345	17 320	38 828	56 148	1143	2743	4104	536	102 019
1879	4592	70 175	48 403	—	666	7196	508	126 948	22 788	19 571	42 359	18 833	39 934	58 767	1218	2565	4410	525	109 844
1880	5469	81 297	57 445	—	710	7519	511	147 482	28 296	19 486	47 782	21 065	42 299	63 364	2031	2719	4896	662	121 454

2. Die Unfallversicherungsvereine.

In Folge des Reichsgesetzes, betreffend die Verbindlichkeit zum Schadensersatze für die beim Betriebe von Eisenbahnen, Bergwerken etc. herbeigeführten Tödtungen und Verletzungen, vom 7. Juni 1871 haben die meisten Bergwerksbesitzer sich gegen die Unfälle, welche das Arbeiterpersonal ihrer Werke bei dem Betriebe betreffen können, versichert. Mit wenigen Ausnahmen sind die Werke des Reviers entweder dem „Heller Unfallversicherungs-Verein zur gemeinsamen Haftpflicht bei Unglücksfällen", welcher seit dem 1. Januar 1876 besteht, seinen Sitz in Herdorf hat und die Reviere Daaden-Kirchen und Burbach umfasst, oder dem „Unfallversicherungs-Verein der rechtsrheinischen Erzbergwerke und Hütten", welcher mit dem 1. Januar 1877 seine Thätigkeit begonnen und seinen Sitz in Siegen hat, beigetreten. Beide Vereine sind aus der Initiative der Werksbesitzer hervorgegangen.

Beide Vereine haben an erster Stelle den Zweck, die Verpflichtungen, welche den Mitgliedern aus dem Haftpflichtgesetze vom 7. Juni 1871 erwachsen, zu übernehmen und den hieraus hervorgehenden Schadensersatz aus ihren Kassen zu leisten. Ausserdem gewährt der Siegener Verein Unterstützungen an die Beschädigten bezw. deren Familien auch in solchen Unglücksfällen bei der Werksarbeit, bei denen das Haftpflichtgesetz keine Anwendung findet, insofern dauernde Arbeitsunfähigkeit eintritt oder der Tod erfolgt und eigenes grobes Verschulden nicht vorliegt. Auch der Heller Verein gewährt in Fällen der letzteren Art Unterstützungen, aber nur bei besonderer Dürftigkeit und in Form ausserordentlicher Unterstützungen.

Das Nähere über die Organisation und die Leistungen dieser Vereine ergiebt sich aus deren Statuten.

3. Der Steinebacher Knappenverein zu Steinebach.

Dieser erst seit einigen Jahren bestehende und schon auf 452 Mitglieder angewachsene Verein wird aus Beiträgen seiner Mitglieder unterhalten. Er nimmt in der Regel nur die zum Knappschaftsältesten-Bezirke Steinebach des Heller Knappschaftsvereins gehörigen, ausnahmsweise aber auch andere Bergleute auf, sofern sie im Bürgermeistereibezirke Gebhardshain wohnen. Der Verein bezweckt:

1. Unterstützung seiner Mitglieder und deren Angehörigen in Nothfällen;
2. Förderung der Tugend und Bildung seiner Mitglieder durch gegenseitige Belehrung im Verkehr und in geselligen Zusammenkünften, namentlich auch durch Pflege der Musik und des Gesanges, sowie durch Unterhaltung einer Bibliothek.

Derselbe wird durch einen von den Mitgliedern alle drei Jahre neu gewählten Vorstand von zehn, ihre Aemter als Ehrenämter bekleidenden

Personen verwaltet und vertreten. Der Vorstand wählt aus seiner Mitte einen Vorsitzenden und dessen Stellvertreter, einen Schriftführer und dessen Stellvertreter sowie einen Kassenführer und entscheidet über Aufnahme von Mitgliedern in den Verein durch Mehrheitsbeschluss.

Zur Mitgliedschaft ist das 16. Lebensjahr, zur Stimmberechtigung in der Generalversammlung das 18. Lebensjahr, zur Wahl in den Vorstand das 24. Lebensjahr erforderlich. Schlechte Führung oder Nichtzahlung der Beiträge innerhalb sechs Monaten zieht den Verlust der Mitgliedschaft nach sich, worüber die Generalversammlung entscheidet.

Die Mitglieder bezahlen 1 M. 50 Pf. Eintrittsgeld und 25 Pf. monatlichen Beitrag. Befreit von Beiträgen sind invalide Bergleute überhaupt, kranke während der Behinderung an der Arbeit, militärpflichtige während der Dienstzeit im Heere.

Jedes Mitglied hat das Recht auf Theilnahme an allen Versammlungen der Vereinsmitglieder, auf Benutzung der Bibliothek etc., sowie auf die statutenmässigen Unterstützungen. Letztere werden durch die Generalversammlung festgesetzt und zerfallen in

1. fortlaufende ($7^1/_2$ bis 10 M. monatlich) bei einer Arbeitsunfähigkeit von mehr als 2 Monaten in Folge von Krankheit, wenn die Knappschaftskasse über diese Zeitdauer hinaus keinen Krankenlohn mehr zahlt, und bei dauernder Arbeitsunfähigkeit;
2. einmalige (30 M.) im Sterbefalle eines Mitgliedes, wenn dasselbe Ernährer der Hinterbliebenen war;
3. ausserordentliche, wovon jedoch Mitglieder, die seit sechs Monaten mit ihren Beiträgen im Rückstande sind, ausgeschlossen bleiben.

Der Verein besitzt ein Musikcorps und einen Gesangverein, die aus seinen Mitgliedern bestehen.

4. Die Unterstützungskasse für die hüttengewerkschaftlichen Gruben im Daadenthale zu Biersdorf.

Auch dieser Verein wird lediglich durch Beiträge seiner Mitglieder unterhalten. Er hat den Zweck, denselben bei eintretender Arbeitsunfähigkeit und deren Hinterbliebenen bei Sterbefällen Unterstützungen zu gewähren. Zur Aufnahme ist erforderlich, dass der Angemeldete auf den hüttengewerkschaftlichen Gruben im Daadenthale (zur Zeit sind davon die Gruben Ohligerzug, Glaskopf und Salome im Betrieb) in Arbeit steht, dem Heller Knappschaftsvereine als Mitglied angehört und das 45. Lebensjahr nicht überschritten hat.

Die Vereinsmitglieder wählen durch Mehrheitsbeschluss auf sechs Jahre einen aus sechs Personen bestehenden Vorstand, welcher wieder aus seiner Mitte einen Vorsitzenden und dessen Stellvertreter wählt und einen Kassirer ernennt. Der Vorstand, dessen Mitglieder ihr Amt als Ehrenamt verwalten, vertritt den Verein nach innen und aussen, entscheidet über alle auf die Rechte und Pflichten der Mitglieder und deren Angehörige bezügliche Angelegenheiten und verwaltet das Vereinsvermögen. Die von ihm zu prüfende Jahresrechnung legt er mit den Revisionsbemerkungen der Generalversammlung vor und ertheilt dem Kassirer Decharge. Die Generalversammlung beschliesst über alle Angelegenheiten, deren Wahrnehmung dem Vorstande nicht obliegt.

Der Beitrag der Mitglieder beträgt 50 Pf. pro Monat. Es befreit davon Arbeitsunfähigkeit in Folge einer länger als einen Monat dauernden Krankheit, sowie Dienst im stehenden Heere und Invaliditätserklärung seitens des Knappschaftsvereins.

Eine einmalige Unterstützung von 60 M. wird gewährt: im Sterbefalle an die Hinterbliebenen eines Vereinsmitgliedes und bei der Invaliditätserklärung eines Mitgliedes.

5. Lebensmittelverkauf für die Arbeiter.

Die Verwaltung der Firma Friedrich Krupp in Essen hat in Steinebach und Herdorf für die Bezirke ihrer dortigen Gruben Verkaufslokale eingerichtet, welche gewerbesteuerpflichtig sind, und in welchen die Arbeiter gegen Baarzahlung gute Lebensmittel zu den Selbstkostenpreisen der Verwaltung beziehen können. Fast sämmtliche Arbeiter machen von dieser Vergünstigung in grossem Umfange Gebrauch.

Eine ähnliche Einrichtung besteht auf dem Wehbacher Walzwerke.

XVI. Einrichtungen zur Ausbildung technischer Beamten und zur Förderung der allgemeinen Interessen des Berg- und Hüttenwesens.

Die diesfallsigen Einrichtungen besitzt das Revier mit den benachbarten Revieren gemeinsam, nämlich für den erstgedachten Zweck die Bergschule zu Siegen, welche von den Vertretern der bedeutendsten Gruben des Reviers mit Jahresbeiträgen unterstützt wird, und für den letztgenannten Zweck den Verein für die bergbaulichen und Hütten-Interessen zu Siegen. Die Verhältnisse beider Institute werden in der Beschreibung der Siegenschen Reviere näher dargestellt werden.

Anhang.

I. Verzeichniss

der auf der hierzu gehörigen Uebersichtskarte der nutzbaren Mineral-lagerstätten durch Nummern bezeichneten Bergwerke des Berg-reviers Daaden-Kirchen.

No.[1])	Name des Bergwerks.
1.	Kraemer, Junger Kraemer.
2.	Roedder, Genügsamkeit, Eintracht.
3.	Steinberg (kons. aus Engelbach, Fürstenberg, Engel, Hulda, Mathilde, Paul, Rosalie, Eberhard II), Olympius.
4.	Alter Alexander, Heinrichsverbindung (kons. aus Verbindung, Neue Verbindung, Junge Verbindung).
5.	Hochacht, Ruben I.
6.	Eselskopf.
7.	Steinthal.
8.	Heinrichsburg, Theodor II, Arthur, Gottschalk.
9.	Steinweide, Bindweide, Bindweide II, Herzwinkel, Herzwinkel II, Bindweider Nebengang, Junge Bindweide.
10.	Herkules, Aurora, Emanuel, Heinrich, Weller, Grundstein, Abendroth.
11.	Vulcan, Sybille, Carolinenglück.
12.	Otto, Königszug, Disjunction III, Emanuel II, Gottfriedszeche.
13.	Weisser Gaul, Weisser Gaul I, Brille.
14.	Reinhardt I und II, Best, Glanzzeche, Robertus.
15.	Carl Wilhelm, Eisernesglück, Verlegenheit.
16.	Elbebach.
17.	Heinrichsfeld, Vergeltung, Glanzgrube, Omer Pascha.
18.	Ludwigsecke, Frankenstein, Wilhelmslust, Louisenglück, Gustav, Treibfäustel.
19.	Hammer, Californien.
20.	Kleinsteimel, Valentin, St. Helena, Blücher.
21.	Käusersteimel, Grüner Löwe, Auguste II, Glanztempel, Hermann.
22.	Vereinigtes Wasserrad, Eisen-

1) Die fortlaufenden Nummern beziehen sich auf die Karte.

No.	Name des Bergwerks.	No.	Name des Bergwerks.
	hardt, Scheuer, Glanzkönig, Eisenkönig.	42.	Mansfeld III.
23.	Vereinigte Louise, Carl, Neue Concordia, Steimel, Christiansglück.	43.	Schulzenwäldchen, Grauer Mann, Saturn III und V, Eleonore.
24.	Grüne Au, Brandhecke, Kupfergang.	44.	Eisenburg.
25.	Hiob, Elisabeth, Dorothea, Maria, Basilla, Stahlzeche, Kleinshoffnung.	45.	Wilhelm I bis X.
26.	Hesperus, Gustav, Wilhelmine, Isabella sammt Beilehn, Rother Löwe, Libanon.	46.47.	Habsburg.
27.	Gottessegen, Rother Schwan.	48.	Frischglück.
28.	Falkenberg.	49.	Kupferzeche, Johannesburg, Johanneshoffnung.
29.	AlteKaulen, NeueKaulen, Freiheit, Honig, Gotthardt, Nicolai.	50.	Gustavssegen, Antonsglück.
30.	Kappszeche, Pius, Krone, Gustavszeche.	51.	Eisensteinzeche.
31.	Junger Max, Minerva.	52.	Schützenhof.
32.	Primus, Himmelswonne, Stahlgarten.	53.	Freischütz, Scharfschütz.
33.	Peterszeche, Streimel.	54.	Oswald, Oswald I bis IX.
34.	Axzeche, Harmonie.	55.	Adolfsburg.
35.	Peterszecher Anschluss, Kupferhardt.	56.	Zur schönen Aussicht.
36.	Stange.	57.	Neue Landeskrone.
37.	Thomas, Milde Hand, Felix, Schwerin, Haase, Scipio.	57a.	Alte Sage, Hohenselbach, Ritterburg.
38.	Albert, Albertine, Reichwald.	58.	Alte Brache, Krain, Abendröthe, Wilhelmszeche II, Morgenröthe.
39.	Alte Kupferkaute, Ramberg-Gelegenheiter Gang, Ramberg unterster Gang, Ramberg oberster Gang, Viole.	59.	Kaiser Wilhelm.
40.	Neue Hoffnung (kons. aus Eremit, Neuehoffnung und Steinkopf).	60.	Sommerberg, Algier, Hoherlöh, Johanna, Engelshoffnung.
41.	Mansfeld, Mansfeld II, Mansfeld IV und V.	61.	Koberszeche, Hermannszeche, Haenschen.
		62.	Wilmchen, Glaskopf, Salome.
		63.	Ramsbeck, Reuschenberg, Hornbach.
		64.	Eisenmann.
		65.	Biersdorfer Zug: San Fernando, Centrum, Aufschluss, Zufälligglück, Friedrich Wilhelm, Adam, Einigkeit, Ferdinand, Füsseberg, St. Georg, Gerlachszeche, Anna, Montag, Salome (kons. mit Salome (62)).

No.	Name des Bergwerks.	No.	Name des Bergwerks.
66.	Mahlscheider Seifen, Junge Mahlscheid.	83.	Weissbinder, Freitag, Oberstes Kreuz, Mittwoch, Simon, Erdmann, Unterstes Kreuz, Vereinbarung, Wallnuss, Nuss, Donnerstag, Elias, Ziegenschinken, Ziegenschinker Nebengang, Susanna, Tobias, Haselnuss, Moses, Carlsgrube, Martin, Einsicht, Lachtaube, Neuer Grünerwald, Zugabe, Heinrichshoffnung.
67.	Alte Mahlscheid.		
68.	Hirschfeld, Diana, Gruben der Bataven, Apollo.		
69.	Haferhahn, Wolf, Junger Bernhard, Wolfsglück, Peterszuversicht.		
70.	Ohligerzug.		
71.	Rothenbürger, Limburg - Styrum, Mathias, Carl I.		
72.	Tiefe Hunchebach, Hund, Saul, Pathe, Ruben, Birke, Hundskopf, David.	84.	Dachs, Unterster Dachs, Kreuzberg, Lachs, Salzgang, Ida.
73.	Vereinigung, Mittlere Vereinigung, Kniffer, Anschluss.	85.	Concordia, Neues Salz, Altes Salz, Dormannsecke, Ferrumnia, Wallram, Jäger I, Brühlszeche.
74.	Hermannstolln, Wilhelm.		
75.	Hassel.	86.	Breimehl, Kuhlenwald, Vereinigter Findling.
76.	Florenz, Spies, Neuer Spies, Eugene, David II, Adalbert, Neues Glück, Gerhard II, Albert I.	87.	Langgrube, Wasserquelle, Anton, Lück.
77.	Bollnbach, Christine, Tiefe Bollnbach, Stahlberg, Carl August, Stephanszeche, Frank, Victor, Victor Emanuel.	88.	Hamon, Steinseifer Vereinigung, Waldstolln.
78.	Stahlert, Hirz, Grünerwald, Neue Stahlert, Zufriedenheit.	89.	Hollertszug, Gerhardszeche, Weisser Löwe, Hirsch, Hamburg, Erzseifen, Mercurius, Becker, Petersburg, Römerzug, Hans, Rosa, Taube, Ende, Haus Oranien, Oberster Osemund, Harmonika, Osemund, Emmerichszeche, Junger Osemund, Lucian, Carlshoffnung.
79.	Seelenberg, Rohermann.		
80.	Rabatt, Vergnügen, Ludwigszeche, Kuckuk, Hüttenwäldchen, Grubenhütte.		
81.	Adamszeche, Oberste Bollnbach, Ronhäuer.		
82.	Guldenhardt, Junger Franz, Kux, Grenze, Rimmelchen, Neues Rimmelchen, Unterstes Rimmelchen, Junge Aurora, Junger Bello, Amsel, Junge Mathilde, Elster.	90.	Oberste Eichert, Unterste Eichert, Eichert, Streitigkeit, Martinsglück, Königstein, St. Bernhard, Junge Helena, Martinszeche, Krebs, Petersberg, Richartz, Fahne, Johannette.
		91.	Neue Eisenzeche, Friedrichs-

No.	Name des Bergwerks.
	hoffnung, Steingrube, Neumann, Junge Eisenzeche, Alte Eisenzeche, Eisengrube, Raumnadel, Waldzeche, Wolfsburg, Wolfskehl, Wolf II, Wolfszeche, Emmashoffnung, Siegburg, Steinbrunnen.
92.	Unterster Osemund, Adolf, Neurom, Neugrube, Iris, Augustzeche, Rosa II, Eisenzeche, Rosine, Greisenhardt, Samuel, Alter Salomon, August I, Alter David.
93.	Wilhelmsglück, Alexander II.
94.	Alexander I, Laura II.
95.	Lombardstreet, Rosenthal.
96.	Maiblume, Max, Burgeck.
97.	Hermann IV.
98.	Dalln, Dallner Vorsprung.
99.	Köpperkaute, Marschall Vorwärts.
100.	Leo.
100a.	Müller.
101.	Rose (Rose, Bruno, Neue Rose, Pelagius).
102.	Reutersbruch.
103.	(Friedorfer Gruben), Christoph, Christine.
104.	Rehsprung, Andreasberg.
105.	Junger Wald.
106.	(Alexander), Alexis, Junger Alexander, Alexandrine, Einheit II.
107.	Hellmannskaute, Seller, Herdorf.
108.	Wasserberg, Ludwigszeche, Pfanne, Wasserscheide, Nebengang, Uhlan, Dragoner.
109.	Josephshoffnung, Hoffnung II, Hardt.
110.	Wilhelmskrone, Falkenberg, Frühlingszeche, Junge Nachtigall, Lerche, Neue Wilhelmskrone, Zecherhand, Zecherkopf, Zecherarm, Kahlkopf, Finke, Rosenberg.
111.	Druidenhardt, Johannessegen, Drossel, Stöllnchen, Sonnenberg II, Eusebius II, Palmara, Joseph, Ambrosius.
112.	Rudolf II, Neuer Rudolf, Henriette II, Brassel, Spülbütte, Entenweiher, Gloria, Haus-Oranien, Ente.
113.	Fortuna II, Bergmannssegen, Steimel II, Strauss, Augustus, Salum, Heiger Adam (kons. mit Ausflucht), Ausflucht, Ver. Sinnerborn, Storch, Gans, Rudolphus, Bergmannslust, Bergmannsfreude.
114.	Vereinigte Caroline, Römer, Orange, Hohe Loreley, Römerglück, Neue Wahlert, Vereinigtes Wilhelmsglück, Wernsberg, Eisenstern, Charlotte, Anschluss, Humboldt, Weide, Grüner Wald, Wachtel, Venus, Abendstern, Johannessegen, Neuer Abendstern, Morgenstern, Neptun, Neue Venus II, Saturn, Riesenberg, Bleckeiche, Wildermann, Girnbach, Mercur, Junger Ferdinand, Junges Morgenroth (kons. mit Morgenroth), Reff, Oberstes Reff.
115.	Freundschaft, Junger Alexander, Treue Freundsch., Gottesgabe.

No.	Name des Bergwerks.	No.	Name des Bergwerks.
116.	Buhlenkamp.	124.	Fischbacher Werk, Zeus.
117.	Zeche.	125.	Bruch, Carlskrone, Otterbach, Gabriele.
118.	Apfelbaum, Neuer Apfelbaum, Ecke.	126.	Vereinigte Wilhelmine und Hymensgarten.
119.	(Bergwiese),Mittelpunkt,Grundseifen, Neues Hirzhorn, Unterste Birkeley, Alter Dachs, Stracke Birke, Schustert, Gottessegen, Hohenfels, Heckmann, Jacobslust, October, Horst.	126a.	Frosch.
		127.	Wüstseifen (kons. aus Wüstseifen, Louise etc.), Wilhelmssegen, Bergsegen, Bergblume.
		128.	Wingerwald Nebengang, Ferdinando, Taglioni.
120.	Blaue Dorothea, Heinrichsruhe.	129.	Stahlbrunnen, Glücksbrunnen, Vereinigte Bornkaute.
121.	Hundsborn, Heinrich, Laura, Junge Henriette, Vesta, Wächter, Wolkenburg, Jacobus.	130.	Villbach, Concordia, Mehlberg, Rothenberg, Pauline.
122.	Oberste Wald, Schindenbach, Vorderstes Hühnchen, Rother Hahn, Stracke Zeche, Rosenzweig, Hinterstes Hühnchen, Knorrenberg, Rosengarten, Vorschlag, Kronewald, Marcellus, Vorderster Knorrenberg.	131.	Silberblick, Cordula, Bellona, Silberhardt.
		132.	Hülfe, Franziskus.
		133.	Vereinigter Glücksstern, Neuer Silberstern, Kraem.
		134.	Einsiedel, Hähnerwald, Vereinigte Wäschebach, Georgsaussicht.
123.	Untere Schönschacht, Hinterer Schönschacht, Auerhahn, Vobeichen, Hohe Aussicht.	135.	Hanbügel, Birlebach.
		136.	Heinrich I, Heinrich II.

II. Verzeichniss
der auf das Bergrevier Daaden-Kirchen bezüglichen geognostischen, mineralogischen etc. Druckschriften und Ausarbeitungen.

I. Druckschriften.

1. Moser, J. J. Staatsrecht der Reichsgrafschaft Sayn. 1749.
2. Becher, J. P. Mineralogische Beschreibung des Westerwaldes, insbesondere der beiden Holzkohlenwerke zu Stockhausen und Horn. Berlin 1786.

3. Becher, J. P. Mineralogische Beschreibung der Oranien-Nassauischen Lande nebst einer Geschichte des Siegenschen Hütten- und Hammerwesens. Marburg 1789.

4. Cramer, L. W. Vollständige Nachricht von dem Hollerter Zuge. Freiberg 1793.

5. Jordan, J. L. Mineralogische, berg- und hüttenmännische Reisebemerkungen, vorzüglich in Hessen, Thüringen, vom Rhein und im Sayn-Altenkirchener Gebiet. Göttingen 1802.

6. Cramer, L. W. Kurze Uebersicht des Saynischen Berg-, Hütten- und Hammerwesens.
Annalen der herzogl. Societät für die ges. Mineralogie zu Jena. Bd. 2 S. 189. Jena 1804.

7. Eversmann, F. A. A. Die Eisen- und Stahlerzeugung etc. auf Wasserwerken zwischen Lahn und Lippe. Dortmund 1804.

8. — Uebersicht der Eisen- und Stahlerzeugung etc. in den Ländern zwischen Lahn und Lippe. Dortmund 1804.

9. Cramer, L. W. Nachrichten von einigen merkwürdigen Fossilien aus den Gegenden am Rhein, an der Lahn, am Wiedbach und am Westerwald.
Jahrbücher der Berg- und Hüttenkunde von C. E. Freiherrn von Moll. Bd. 4 S. 38. 1808.

10. Engels, J. D. Die Landeskrone am Ratzenscheid, ein Beitrag zur Siegener Bergwerksgeschichte. Siegen 1808.

11. Cramer, L. W. Fortgesetzte Nachrichten von einigen merkwürdigen Fossilien aus den Gegenden am Rhein, an der Lahn, dem Wiedbach und auf dem Westerwald.
Neue Jahrbücher der Berg- und Hüttenkunde, von C. E. Freiherrn von Moll. Bd. 3 S. 303. Nürnberg 1815.

12. Schmidt, J. Chr. L. Ueber das Vorkommen des Basaltes am Druidenstein bei Heckersdorf und in der Zeche Neue Mahlscheid unweit Daaden im Bergamtsbezirk Siegen.
Das Gebirge in Rheinland-Westphalen, von Nöggerath. Bd. II S. 216. Bonn 1823.

13. Stifft, C. S. Ueber die Entzündung der Braunkohlenflötze auf dem Westerwalde.
Taschenbuch für die ges. Mineralogie, von K. C. v. Leonhard. Jahrg. 17 S. 475. 1823.

14. Hoevel, Freiherr von. Ueber das Vorkommen des Basaltes am Druidenstein bei Heckersdorf im Bergamtsbezirk Siegen.
Das Gebirge in Rheinland-Westphalen, von Nöggerath. Bd. III S. 290. Bonn 1824.

15. Hertel, Ch. L. Ueber die Rechts- und Gerichtsverfassung der zum Regie-

rungsbezirk Koblenz gehörigen Ostrheinischen Landestheile. Koblenz 1829.

16. Erbreich, L. Ueber das Braunkohlengebirge des Westerwaldes und die zu demselben in natürlicher Beziehung stehenden Felsarten. 1835.

17. Scotti, J. J. Sammlung der Gesetze und Verordnungen der Grafschaft Sayn-Altenkirchen.
   Der Provinzialgesetze fünfte Sammlung. Th. I Abth. 3 S. 594ff. Düsseldorf 1836.

18. Göppert, H. R. Ueber die neulichst im Basalttuff des hohen Seelbachskopfes bei Siegen entdeckten bituminösen und verkieselten Hölzer, sowie über die der Braunkohlenformation überhaupt.
   Karsten's und v. Dechen's Archiv für Mineralogie etc. Bd. 14 S. 182. Berlin 1840.

19. Nöggerath, J. J. Das Vorkommen des Basaltes mit verkieseltem und bituminösem Holze im hohen Seelbachskopf im Grunde Seel- und Burbach bei Siegen.
   Karsten's und v. Dechen's Archiv für Mineralogie etc. Bd. 14 S. 197. Berlin 1840.

20. Schnabel, O. Analyse von Spatheisensteinen aus der Gegend von Siegen
   Verhandlungen des naturhistorischen Vereins der preussischen Rheinlande und Westphalens. Jahrg. 8 S. 72. Bonn 1851.

21. Bruckmann, F. E. Magnalia dei in locis subterraneis etc.
   Th. II S. 658. (Kupfer- und Eisensteingruben bei Daaden.)

22. Dechen, H. von. Geognostische Uebersicht des Regierungsbezirks Arnsberg.
   Verhandlungen des naturhistorischen Vereins etc. Jahrg. 12 (1855) S. 117.

23. Brassert, H. Bergordnungen der Preussischen Lande. Köln 1858. (Einl. S. XXXIV, XXXV; S. 346).

24. Diesterweg, C. Beschreibung und Analyse des strahligen Grüneisensteins vom Hollertszuge bei Siegen in drei Varietäten.
   Berg- und hüttenmännische Zeitung, von Bornemann und Kerl. Jahrgang 22 (1863) S. 257.

25. Dechen, H. von. Erläuterungen zur geologischen Karte der Rheinprovinz und der Provinz Westphalen etc. Erster Band. Bonn 1870.

26. Zirkel, F. Die mikroskopische Beschaffenheit der Mineralien und Gesteine. Leipzig 1873.

27. Laspeyres, H. Beitrag zur Kenntniss der Nickelerze. (Polydymit von der Grube Grüne Au.)
   Verhandlungen des naturhistorischen Vereins etc. Jahrgang 34 (1877) S. 29.

28. Heusler, C. Ueber die Contactwirkungen eines Basaltganges auf Spatheisenstein. (Grube Kuhlenwalderzug.)
Sitzungsberichte der niederrheinischen Gesellschaft für Natur- und Heilkunde, von 1878 S. 98.

II. Ungedruckte Ausarbeitungen etc.

29[1]). Akten der Saynischen Landescommission zur Untersuchung des Berg- und Hüttenwesens. 1780 bis 1783.

30. Stein, W. Darstellung des Saynischen Berg- und Hüttenwesens. 1818.

31. Stein. Versuche auf Braunkohlen bei dem Dorfe Derschen im Amte Friedewald. 1820.

32. Erbreich. Untersuchungen über das Vorkommen von Braunkohle innerhalb der Landesgrenze längs des Nassauischen Gebietes. 1832.

33. Eichhoff. Aufstand über die Grube Hollertszug. 1836.

34. Seel. Geognostische Beschreibung der Eisensteinlagerstätte des Hollerter Zuges und ihrer Beziehung zur Gebirgsformation. 1841.

35. Krause. Geognostische Beschreibung sämmtlicher Verhältnisse der Züge der Grube Bollnbach und ihre Beziehungen zum Nebengestein. 1846.

36. Dunker. Geognostisch-mineralogische Beschreibung der Grube Gottessegen bei Schutzbach. 1850.

37. Gericke. Geognostisch-mineralogische Beschreibung der Lagerstätten und Gebirgsformationen von der Grube Hollertszug im Revier Daaden. 1862.

38. von Sobbe. Geognostisch-mineralogische Beschreibung der Gruben Guldenhardt, Kux und Grenze. 1864.

39. Brüning. Tiefbau- und Konsolidationsplan für die bei Herdorf gelegenen Gruben Stahlert, Stahlberg und Carl August, Tiefe Bollnbach, Bollmichseifer und Bollnbacher Erzgang. 1867.

40. Sanner. Geognostisch-mineralogische Beschreibung der Umgebung von Daaden. 1881.

1) Die unter den Nummern 29 bis 40 aufgeführten Akten und Ausarbeitungen befinden sich in der Registratur des Königlichen Oberbergamts zu Bonn.

Inhalts-Verzeichniss.

		Seite
I.	Allgemeine Verhältnisse des Reviers	1
II.	Topographische Verhältnisse	3
III.	Geognostische Verhältnisse	7
	A. Devongruppe	7
	B. Tertiärgruppe	14
	C. Basalt	17
	D. Alluvium	21
IV.	Uebersicht über die nutzbaren Mineralien und Gebirgsarten	22
V.	Verbreitung und Beschaffenheit der nutzbaren Minerallagerstätten	30
	A. Dem Berggesetze unterworfene Mineralien	30
	1. Braunkohle	30
	2. Erze	31
	Mittlere oder Haupt-Gangzone	31
	a. Die Erzgänge zwischen Heller und Sieg	33
	b. Die Erzgänge nördlich der Sieg	44
	c. Die Erzgänge zwischen Heller und Daade	44
	d. Die Erzgänge südlich der Daade	53
	Oestliche Gangzone	61
	Westliche Gangzone	61
	B. Dem Berggesetze nicht unterworfene Gebirgsarten	64
	1. Dachschiefer	64
	2. Basalt	64
VI.	Jetziger Stand des Bergwerksbetriebes auf den Erzgängen	64
VII.	Geschichtliches über die Entwickelung der Montanindustrie	72
VIII.	Produktion des Bergbaues	88
	A. Eisensteinbergbau	88
	B. Bergbau auf sonstige Erze	90
	C. Bergbau auf Braunkohlen	92
	D. Steinbruchsbetrieb	92
IX.	Produktion der Hütten	93
X.	Absatz- und Verkehrsverhältnisse	95
XI.	Bergrechtliche Verhältnisse	101

Seite
XII. Steuerverhältnisse 104
XIII. Arbeiterverhältnisse 106
XIV. Unglücksfälle 108
XV. Einrichtungen zur Förderung des Wohles der Arbeiter . . . 111
1. Der Heller Knappschaftsverein 111
2. Die Unfallversicherungsvereine zu Herdorf und Siegen . . 114
3. Der Steinebacher Knappenverein zu Steinebach 114
4. Die Unterstützungskasse für die hüttengewerkschaftlichen Gruben im Daadenthale zu Biersdorf 115
5. Lebensmittelverkauf für die Arbeiter 116
XVI. Einrichtungen zur Ausbildung technischer Beamten und zur Förderung der allgemeinen Interessen des Berg- und Hüttenwesens 116
Bergschule zu Siegen 116
Verein für die bergbaulichen und Hütten-Interessen zu Siegen . 116

Anhang.

I. Verzeichniss der auf der hierzu gehörigen Uebersichtskarte der nutzbaren Minerallagerstätten durch Nummern bezeichneten Bergwerke des Bergreviers Daaden-Kirchen 117
II. Verzeichniss der auf das Bergrevier Daaden-Kirchen bezüglichen geognostischen, mineralogischen etc. Druckschriften und Ausarbeitungen 121

Universitäts-Buchdruckerei von Carl Georgi in Bonn.

FSC
www.fsc.org
MIX
Papier | Fördert gute Waldnutzung
FSC® C083411

Zeitfracht Medien GmbH
Ferdinand-Jühlke-Straße 7
99095 Erfurt, Deutschland
produktsicherheit@kolibri360.de